Agricultural Management

地域活性化のための

戦略的農業経営

概念データモデルによる創造的アプローチ

井形元彦／桂 信太郎［著］

IGATA MOTOHIKO / KATSURA SHINTARO

千倉書房

はじめに

日本の農業を取り巻く環境は、一層厳しさを増している。環太平洋パートナーシップ（TPP: Trans-Pacific Strategic Economic Partnership Agreement）や欧州連合（EU）との経済連携協定（EPA: Economic Partnership Agreement）などの経済連携がさらに進展しており、農産品の供給は、今後ますますグローバルに展開されていくと予想される。

日本の農業は、食糧管理法（1942年制定、1995年廃止→1994年制定の食糧法（主要食糧の需給及び価格の安定に関する法律）に引き継がれる）、農地法（1952年制定→2009年改正農地法へ移行）、農業基本法（1961年制定、1999年食料・農業・農村基本法の施行により廃止）によって長らく保護政策のもとにあった。ガット・ウルグアイ・ラウンド農業合意（1993年）により、農業保護政策は大きく見直されることになったものの、その後も農業者戸別所得補償制度（2009年衆議院議員総選挙に民主党がマニフェストに盛り込む→自民党への政権交代後、2013年に経営所得安定対策制度に名称変更）などの変遷を経ながら保護されてきた。ようやく、改正農地法（2009年制定）により株式会社でも農地の借用が可能となり、また農業生産法人の要件が緩和されたことにより農地集積が進むことで、生産性向上に向けて大きく動き出している。

今日、日本の農業は過渡期にあり、農業従事者の減少と高齢化が続いている。これに伴い、後継者不足や耕作放棄地の拡大が社会問題となっている。また、農業従事者の経営管理能力の向上や流通構造の見直し、技術革新の推進など、取組むべき課題が数多く山積している。解決策の一つとして、政府は一定条件を満たす農家について企業化（法人化）を積極的に奨励する施策をとっている。

本書は、このような厳しい経営環境の中にある農業において、先行して企業化（法人化）を果たして成長している事業者を対象に、現場に足を運ぶことで得られる生きた情報に基づいて、提案する分析枠組みを活用して調査分析することで、農業の企業化に向けたソリューションを見出そうとするものである。具体的には、大手のみならず中小零細の農家の現状を踏まえながら、農家がめざす一つの道標として企業化に焦点を当て、企業化をより進めながら組織を成長させていく過程を、提案する体系立った分析の枠組みに沿って、詳細に分析し記述していくものである。

分析の枠組みの候補はいくつかあるものの、「事業領域と使命」で事業体の全体像を把握したうえで、「静的」「動的」両側面から分析を進める概念データモデル（Conceptual Data Modeling）のフレームワークを援用し、これに独自の工夫を加えることにより、新たな分析枠組みを構築した。概念データモデルの思考プロセスは、エーベル（Derek F. Abell）の「事業の定義」（エーベルの三次元事業定義モデル：Three Dimensional Business Definition Model）の理論に基づきながら、静的のみならず動的観点からも分析できるという利点があることから、これまでもシステム構想を検討する際の手法として採用されてきた。本書においては、この概念データモデルの思考プロセスに加え、バランスト・スコアカード（BSC: Balanced Scorecard）の戦略マップや品質機能展開（QFD: Quality Function Deployment）の概念を包含させながら、独自の分析手法による戦略的農業経営のモデル提案を志向した。

事例として取り上げた事業体は、家族経営から法人化を果たして経営を発展させている。本書における記述は、農業経営の現場の永年にわたる参与観察、経営者へのインタビューや情報交換から得られた生のデータに基づいている。また海外の先進事例として、オランダ王国ウェストラント市における現地調査を行い、オランダの先進農業を顧客の視点、内部ビジネスプロセスの視点、学習と成長の視点から分析し、今回の分析フレームワークに反映させた。オランダと日本では、国として置かれた地理的条件や農家一戸あたりの農地面積などに大きな違いがある。さらに、環境制御システムによる栽培設備や技術の高度化や、あるいは農業をビジネス化するための研究機関との連携等において、農業をマネジメントする意識の高さなどにも大きな違いが見受けられる。

本書の執筆をすすめながら、中小零細の農家が、目前の経営課題をひとつひとつ解決しながら時間をかけて企業化を進め、実現可能な方向性を示す姿を丁寧に映しとるよう心掛けた。これらの分析考察やプロセスの記述が、将来、農業に夢を抱いて事業に取り組む若手経営者の動機づけに、ひいては、日本の農業の発展に、微力ながらわずかでも貢献できればと考える次第である。

また本書は、日本学術振興会科学研究費補助金：基盤C（課題番号15K03670、研究代表者：井形元彦）の助成を受けて実施された調査研究の成果報告の一部でもある。研究資金を与えていただいた文部科学省、独立行政法人日本学術振興会に厚く感謝したい。

2020年1月　筆者

解　題

福井　幸男

（日本生産管理学会会長、関西学院大学名誉教授、関西外国語大学教授）

2009年の改正農地法により、最近の日本農業は大きな転換期にさしかかっている。企業の農業参入が熱を帯びている。従来の地場や中小企業の食品企業や建設業だけでなく最近では大企業の参入が増大している。農林水産省の調査によれば、①農地のリースによる一般法人の農業参入は2018年末で3,286社、うち株式会社が2,492社、②農地取得による農地所有適格法人の参入は同じく19,213社、うち株式会社が13,139社である。とくに農地所有適格法人は、経営総面積55万ヘクタールであり、営農形態として、米麦作（43%）、そ菜（19%）、畜産（17%）、その他（14%）、果樹（7%）の順である。

本書は、本格的な企業化の動きのなかで、従来の中小零細な農家が、戦略的な経営努力をどのように展開していくのか、その道筋と目標を高知県での多くのフィールドワークを通じて、その一つの道筋を明示した野心作である。同県での企業化に取り組む家族経営主体の事業者を具体的に取り上げたうえで、デレク・エーベルの提示した概念データモデルを理論モデルとして、執筆者独自の視点と工夫を取り込んで、これを改訂版モデルとして、企業化の過程を分析している。

分析対象は花苗を生産・販売するA社および青ネギ、キャベツなどを生産するB社である。中小零細な農家が法人化するなかでの経営戦略そして動的な進化の過程を詳細に分析したものである。なお、本書で語られる企業化とは、農家の家計とビジネスとしての企業経営が財務的に峻別されていること、および適正な利益が継続的に創出されるという２条件を満たすものである。結論において、マーケティングの重要性、顧客ニーズにかなう新商品への開発力が不可欠であり、さらに生産規模拡大による生産コストの低廉化、流通経路の合理化が強調される。農業部門は天候に左右される側面が強く、安定的な生産を展開するにはより一層の「内部的基盤と外部的基盤の相互の連携が農業の企業化を支える」とする。先進農業国オランダの事例紹介は手際よい。エーベルの理論モデル適用の項はやや難解であるが、真摯な研究態度が伺え、学ぶ点は多いと思われる。

本書に寄せて

手島　歩三

（ビジネス情報システム・アーキテクト代表取締役社長）

日本の経済社会は転換点にあります。産業競争力が低下し、経済の活力が失われている側面は否定できません。例えば日本の企業経営においては効率性や透明性が求められていますが、これまで肥大化させてきたシステムの変更に巨額の費用と多くの時間を費やされており、これがビジネス改革の足かせの一つとなっています。また同時に、経済のグローバル化への対応も急務です。欧米先進国やアジアの新興諸国においては、IT（情報技術）とインフラの急速な進展に伴い、新たなビジネスの仕組みを創造し、社会経済の仕組みを改革しています。

近年の日本の金融業や大手製造業などのビジネス組織では「事実に基づく経営と管理」が求められています。これまでは、事務作業の生産性向上のためにITを使い、自動化し、省力化してきましたが、事務作業で扱う情報を見直す必要が出てきました。自動化、省力化するとその業務内容を知る人がいなくなりますが、いざビジネスの仕組みを変えるとなると、皮肉なことに、自動化した業務をどう変えればよいのか分からないという事態に直面することもあります。

本書で紹介される概念データモデルは、ビジネス組織が関心を持つ「もの」や「こと」の事実をデータとして捉える仕組みの構築を目指しています。概念データモデルを導入することは、事実を前提とする自然科学の対象としてビジネスを捉える観点を提示することになります。必然的に、ITの利用にあたって自然科学の法則や、それを前提とする技術規則、ビジネス規則に従って働くビジネスの状況を捉える「ビジネス情報システム」が姿を現します。本アプローチの特色は、概念データモデルの視座と、社会科学の観点によるビジネスの仕組みに関する研究との複合的な視座によるアプローチを提示している点です。

幸いなことに、農業分野におけるIT導入はこれからです。つまり、先進的なIT利用を推進できる有利な状況にあります。井形先生と桂先生は農業ビジネスのモデル化に取り組み、丁寧に調査分析されました。その分析結果を活かして、農業ビジネスの斬新な構想を描き、農業ビジネスをさらに進化させていただきたく思います。「事業領域と使命」を眺めると、ビジネスの動向や対応すべき方策が浮かび上がるでしょう。「静的モデル」を描くと、実世界に存在する「もの」をどのような精度で捉え、管理・制御すべきか分かり、併せて「もの」の間のビジネス上の関係も見えるでしょう。「動的モデル」を描くと、自然法則、技術規則、ビジネス規則に基づくビジネス活動の順序規則がわかり、物がある状態になったとき、起動すべきビジネス活動も見えてきます。そうしますと、IOT機器による制御の原案が出来上がります。概念データモデルはビジネスの実務担当者が持つ概念を表現する方法論です。本書が皆様の調査研究の一助となれば幸いです。今後のますますのご発展を祈念しております。

目　次

序章　概念データモデルと情報システム

概念データモデル（Conceptual Data Modeling）とは、ビジネスモデルを「静的モデル」「動的モデル」「組織間連携モデル」などの連関した図で表現し、主に情報システム部門等における業務部門の関係者らの意思疎通を支援する手法である。この概念データモデルは、手《て》島《しま》歩《あゆ》三《み》氏を中心とした研究メンバーによる長年の経営指導業務に基づく集積知として練りあげられ、形作られたフレームワークとして提唱され、JFE スチールやその関連企業、KDDI 等、これまでの多くの大手企業で受け入れられ採用されて、実績を上げている手法である。例えば、二つの異なる企業が経営統合する場合には、スムーズで速やかなシステム統合に向けてメンバーの意思統一を図ることなどに貢献してきた数多くの実績がある。

情報システム（Information System）は、「意思決定や行動に役立つように、データを収集し、処理加工して情報を産出し、これを意思決定者に伝達するシステム」であり、あらゆる組織に不可欠な要素となっている[1]。情報システムはこれまでも、情報処理技術の発達やそれに伴うインフラ構築の進展により、そのつど企業の経営効率を左右する重要課題と位置づけられてきた。例えば1960 年代には MIS（Management Information System)、1970 年代には DSS（Decision Support System)、1980 年代には OA（Office Automation）や SIS（Strategic Information System）や CIM（Computer Integrated Manufacturing)、1990 年代には BPR（Business Process Reengineering）などさまざまな手法が提唱され、経営を支援する概念が提唱され活用されてきた。近年では、さらなる IT 技術

1　占部都美編（1980）p.327。バーナード（C. I. Barnard）によると、組織とは調整された活動のシステムとし、組織活動を意思決定から捉え、組織成立の３要素を共通目的、協働意思、コミュニケーションとしたが、このコミュニケーションは情報の伝達であり、収集し、処理した情報を意思決定者に伝達することを指している。経営は意思決定であり、意思決定は情報を決定前提とするものであった。

の進展とビッグデータ革命により、クラウド・コンピューティングなど、情報システムにおける有用な選択肢がますます増えており、ビジネス全体のアーキテクチャを把握し、それと整合した構造を持つ情報システムを構築する必要性が増している。

近年の組織は、大規模化や高度化を推進し、分業化を進めながら経営の効率化を推進してきたが、各業務部門の関係者らの意思疎通がないがしろとなり、皮肉なことに、組織全体のパフォーマンスが低下するケースが出てきた。またIT 化や経済のグローバル化によって、経営環境が大きく変化する中で、大型の M&A や経営統合が進められるようになった。要求工学の一手法である概念データモデルをビジネス支援に生かし、このフレームワークに沿った情報システムのあり方や設計に至るプロセスを見直すことで情報システムの構造と企業のビジネスの構造（アーキテクチャ）を整合させることが重要になった[2]。大手メーカなどの現実的な経営統合におけるシステム統合の場面などにおいては、概念データモデルを活用しながら、関係者らの意思疎通を図り、統合的なシステム統一を遂行しなければならなくなったのである。実際には、仕入や販売などさまざまな情報を一元管理してすみやかな意思決定を目指す ERP（Enterprise Resources Planning）などの情報システムを導入しても、思うような成果が出ず混乱したなどの事例は多い。つまり、これまで企業の経営効率や生産性を向上させるために、大型投資によって情報システムを導入する企業の多くが、当初の計画通りに導入が進まず、大幅な仕様変更やかなりの追加投資を余儀なくされ、導入自体が頓挫するなどのケースが後を絶たないのも事実である。ここに概念データモデルを設計する意義があると考えられる。

それではまず、「概念データモデル設計法」に関して、手島歩三らの著作（手島編，2011）や手島氏の講演資料などから得られた知見に基づいて、概念データモデルの設計法の概略を記述する[3]。

2　手島歩三編（2011）『働く人の心をつなぐ情報技術―概念データモデルの設計』白桃書房。

図1　概念データモデル設計の典型的手順

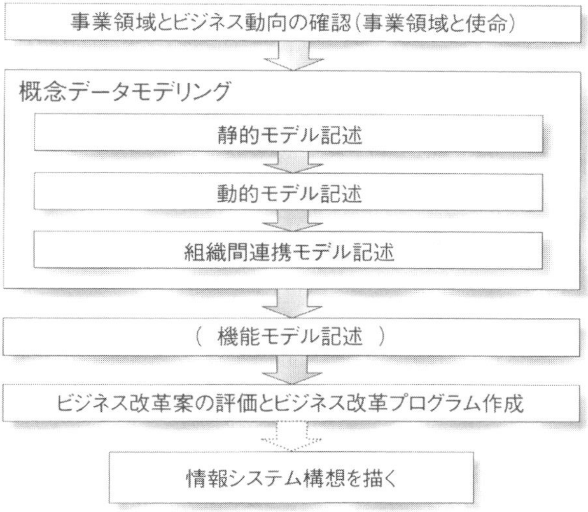

出所：手島歩三編（2011）『働く人の心をつなぐ情報技術―概念データモデルの設計』白桃書房，p.53。

概念データモデル設計の典型的手順であるが、手順は図1に示すとおりである。図1に従って、各要素を説明していく。

①事業領域と使命

概念データモデルを設計する準備段階として「事業領域と使命」を確認する。この段階では、当該ビジネスの事業領域の確認とそのビジネスを取り巻く外部環境を分析確認する。ビジネスを取り巻く環境は、利害関係者の動態変化とともに常に動いており、経営者や管理者がビジネスの当事者として、常に情報を収集しながら現状を理解し観察している「つもり」であっても十分に捉えきれないことも多い。細事を整理しながら書き出すことによって再認識できる事項は、案外多いものである。対象のビジネスは、何を事業領域として、何を

3　手島歩三編（2011）『働く人の心をつなぐ情報技術―概念データモデルの設計』白桃書房など。

求められているのか、常に再確認することが重要である。また、メンバーとの情報共有も重要である。企業は、経営資源を投入（インプット）し、組織内で変換（スループット）し、何らかの製品やサービスを産出（アウトプット）し、顧客に提供している。その対価として、顧客層から売上・利益・信用などの成果を獲得する。これら一連の流れを記述することで、事業領域を明らかにする。この企業の事業が社会環境の中で果たす役割の表明が「事業使命」である。

②「静的モデル」「動的モデル」「組織間連携モデル」

次に、図1の2段目以降にあるように、概念データモデルの主要な要素である「静的モデル」「動的モデル」「組織間連携モデル」を描き出す。ビジネスにおける「もの」と「こと」に着目し、要素要因をモデルに書き込みながら可視化して描き出していく。

手島編（2011）によれば「静的モデル」は、「ビジネス上の管理対象としての「もの」の体系を描くものである。ビジネスの実世界にどんな「もの」たちが存在し、どんな粒度で管理すべきなのか、およびそれらの「もの」同士がど

図2　事業領域と使命

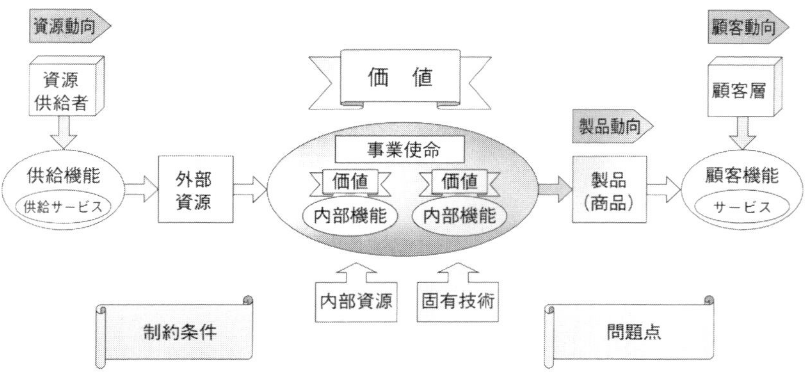

出所：手島歩三編（2011）『働く人の心をつなぐ情報技術―概念データモデルの設計』白桃書房，p.55。

う関わり合っているかを記述する。ここでは「もの」たちからなる実世界の静的な性質を捉えるという意味で静的モデルと称している」と記述してある。

また、「動的モデル」については「静的モデルで捉えた「もの」について、その振る舞いを描くもの」であるという。「もの」はビジネス活動、すなわち「こと」によってその状態を変える。「発生してから消滅するまでの一連の「こと」による状態変化の姿を記述するもの」であるという。

「組織間連携モデル」については、上述の「静的モデル」と「動的モデル」に加えて「組織機能の観点を加味したもの」であるという。静的モデルと動的モデルで捉えた「もの」と「こと」（活動）に加えて「組織機能の広がり」の観点を取り入れる。組織間連携モデルを描くことによって、情報管理・情報処理の分担も明らかになる。

③機能モデルの記述

機能モデルの記述の段階では、ビジネス活動のパターンである業務機能の連鎖を記述する。手島によれば「ある機能のアウトプットが別の機能のインプットになり、その機能のアウトプットがさらに別の機能のインプットに、といっ

図３　業務機能の連鎖を記述する「機能モデル」

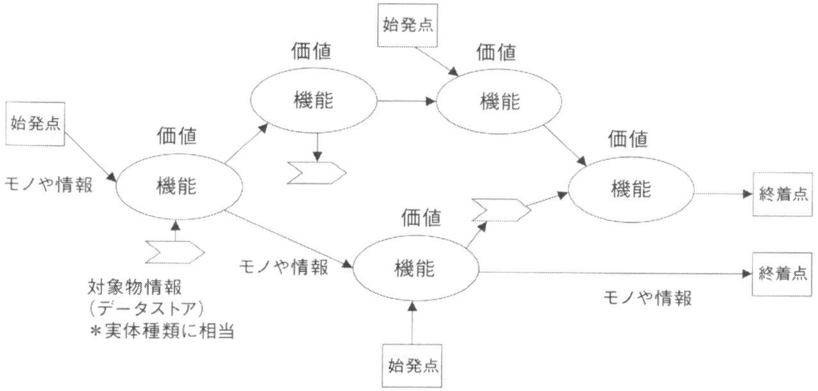

出所：手島歩三編（2011）『働く人の心をつなぐ情報技術―概念データモデルの設計』白桃書房，p.61。

た具合に連鎖していく」ビジネス活動のパターンを、「機能モデル」として記述していくのである[4]。

④改革案の評価

概念データモデルによって、ビジネスを描き出すと、ビジネスの実態における現実的な情報や業務とのズレや歪みが浮き彫りになる。これを是正する改革案が必要となり、この実行可能性を客観的に評価することによって、ビジネス改革の可能性を確認することになる。手島によれば「改革案はいくつかの「特徴」を持つであろうが、その特徴ごとに是非を評価する。新しい仕組みの要素の中で「特徴に関わる仕組み」を指摘し、「現在の仕組み」がどうなっているかを明らかにして対比する。そして、環境整備など「新たな仕組みが成り立つ前提条件」があれば指摘する」と述べている[5]。

⑤ビジネス改革プログラム

次に、改革案で明らかにした要素から浮かび上がる課題について検証する。新しい仕組みを整備するための活動や、新たな問題に対策を施すための活動である。今後、組織が実行すべき課題を明らかにする。手島によれば「新しい仕組みを整備・準備する活動、成り立つ前提条件を満たすための活動、新たな問題に対策を施すための活動など」についての実行課題を「主要な課題と付随的な課題に整理・統合したうえで、優先順位をつけていく」と述べている[6]。

具体的には、実際の事例において、概念データモデルを適用した項目で明確にする。

4　手島歩三編（2011）『働く人の心をつなぐ情報技術―概念データモデルの設計』白桃書房，p.61。

5　手島歩三編（2011）『働く人の心をつなぐ情報技術―概念データモデルの設計』白桃書房，p.62。

6　手島歩三編（2011）『働く人の心をつなぐ情報技術―概念データモデルの設計』白桃書房，p.63。

第1章　衰退する日本農業の現況と行政対策

1. 日本農業をとりまく環境

前述のように、環太平洋パートナーシップ（TPP: Trans-Pacific Strategic Economic Partnership Agreement）や欧州連合（EU）との経済連携協定（EPA: Economic Partnership Agreement）など、経済連携の進展に伴って、農産品供給がグローバルに展開されていくことは不可避であり、日本の農業を取り巻く環境は、一層厳しさを増すことになる。これらの動向を見据えながら、日本国政府は、国内農家の輸出競争力をさらに高める支援などを政策に盛り込む動きがある。

公益社団法人経済同友会の調査レポート「持続可能な逞しい農業の実現に向けて」による分析結果では、次のことが述べられている[7]。食糧需給をみてみると、人口減少や少子・高齢化社会の進展により、日本国内の食料需要は今後30年間で最大約40％減少する。他方、世界に目を転じると開発途上国での人口増加が予測されており、農産物・食料需要は飛躍的に増大の予測がなされている。また、新興国では所得水準の向上や中間層拡大により食の多様化が進み日本の食文化や農産品への関心は、先進国以外でも高まっており、市場開拓の余地は大きい。こうした国内外の需要動向を踏まえると、日本の農業分野の成長に向けて海外輸出を推進することは重要である。ただ、日本の農産物の価格競争力は弱く、輸出実績も乏しい。

7　経済同友会（2016）『持続可能な逞しい農業の実現に向けて―フードバリューチェーンの確立による高付加価値農業へ―』
https://www.doyukai.or.jp/policyproposals/articles/2016/160930a.html
（最終閲覧日：2019年11月9日）

農業を取り巻く環境は依然厳しさを増し、危機感をつのらせる農業関係者は増加の一途である。より一層収益的な自立自存への対応と農業固有の問題・課題を解決しながら戦略的農業経営と価値創造を目指す必要性が高まってきている。

2. 日本農業の現状

農林水産省の統計資料等を基に、近年の日本の農業を確認すると、次のようにまとめることができる。

①農業に従事する人口の減少

2019年6月29日公表の農業構造動態調査によれば、2019年2月1日現在の販売農家の基幹的農業従事者（仕事として自営農業に主として従事する者）の人数は、全国合計140万410人である[8]。2018年は145万500人[9]、2017年は150万7,100人[10]と、統計数値上、年々実人数が減少し続けている。これを年齢階層別にみると、各階層とも減少しているが、65～69歳の階層はやや増加している[11]。また2019年8月9日公表の新規就農者実態調査によると、2019年の新規就農者は5万5,810人であった。2018年は5万5,670人、2017年は6万150人であった。年代でみると60歳以上の新規就農が多く、全体の約30％である。また、就農形態別にみると、新規自営農業就農者は4万2,750人、新規雇用就農者は9,820人、新規参入者は3,240人となっている[12]。

8　農林水産省（2019a）『農林水産省統計情報平成31年農業構造動態調査』
http://www.maff.go.jp/j/tokei/kouhyou/noukou/（最終閲覧日：2019年11月9日）

9　農林水産省（2018a）『農林水産省統計情報平成30年農業構造動態調査』
http://www.maff.go.jp/j/tokei/kouhyou/noukou/（最終閲覧日：2019年11月9日）

10　農林水産省（2017a）『農林水産省統計情報平成29年農業構造動態調査』
http://www.maff.go.jp/j/tokei/kouhyou/noukou/（最終閲覧日：2019年11月9日）

11　農林水産省（2017a）『農林水産省統計情報平成29年農業構造動態調査』
http://www.maff.go.jp/j/tokei/kouhyou/noukou/（最終閲覧日：2019年11月9日）

12　農林水産省（2019b）『農林水産省統計情報平成30年新規就農者調査』

②農業経営体数は減少、ただし法人組織経営体は増加

2015年公表の農林業センサス報告書によれば、農業経営体数は137万7,266経営体であり、このうち組織経営体数は3万2,979経営体であった[13]。組織経営体とは、農業経営体のうち家族経営体以外の経営体で、法人（法人格を認められている者が事業を経営している場合を含む）もしくは法人でない団体をいう。

③耕地面積の減少

農林水産省の面積調査によれば、2019年7月における全国の耕地面積（田畑計）は439万7,000ヘクタールであった[14]。1961年が609万ヘクタールであったことから、約169万ヘクタール減少しており、耕作放棄地は増加しているとみられる[15]。

④一戸当たりの農地面積が諸外国に比べ極端に狭い

日本は諸外国と比較して、一戸当たりの耕地面積が極めて小さいため、生産効率は低い。たとえば、一戸当たりの耕地面積について、イギリスは日本の35倍、フランスは23倍、米国は75倍、豪州は1,309倍である。多額の資本を投じ、生産効率の高い大規模生産が他国では行われている。過小な農業資本と生産基盤の縮小が進む日本においては、単に収穫量の増大を目指すだけでは、グローバルな競争優位性を獲得することは難しい[16]。

---

http://www.maff.go.jp/j/tokei/kouhyou/sinki/（最終閲覧日：2019年11月7日）

13　農林水産省（2015）『農林業センサス報告書』
http://www.maff.go.jp/j/tokei/kouhyou/noucen/index.html
（最終閲覧日：2019年11月7日）

14　農林水産省（2019c）『面積調査』
http://www.maff.go.jp/j/tokei/kouhyou/sakumotu/menseki/
（最終閲覧日：2019年11月10日）

15　農林水産省（2019d）『平成30年度食料・農業・農村白書』
http://www.maff.go.jp/j/wpaper/w_maff/h30/（最終閲覧日：2019年11月7日）

16　経済同友会（2016）『持続可能な逞しい農業の実現に向けて―フードバリューチェーンの確立による高付加価値農業へ―』
https://www.doyukai.or.jp/policyproposals/articles/2016/160930a.html

⑤農産物販売金額、年商１千万円未満が 90%を占める。

農産物販売金額規模別の経営体数は、1,000 万円未満が 90%を占める状況であり、小規模な農家がほとんどであることがわかる[17]。また、1,000 万円を超えると、法人経営体数の比率が増加する傾向が見て取れる。

⑥農業における年間所得の低さ

2017 年の生産農業所得（3 兆 7,616 億円）[18]を販売農家の基幹的農業従事者（仕事として自営農業に主として従事する者）の人数（150 万 7,000 人）で割ると、一人当たりの年間所得は約 250 万円となる。

3. 政府としての動き―農業経営の法人化―

(1) 農林水産省による農業経営の法人化の推進

このような環境の中で、農業の産業化に向けた対策の一つとして、農林水産省は農業経営の法人化を推進している[19]。法人化チェックリストとして次の項目をあげている[20]。「はい」が一つ以上ある場合には、法人化が有効と考えられる。

① 経理をきちんと行いたい

② 人材を雇用したい

③ 販売を拡大したい

（最終閲覧日：2019 年 11 月 9 日）

17 農林水産省（2015）『農林業センサス報告書』
http://www.maff.go.jp/j/tokei/kouhyou/noucen/index.html
（最終閲覧日：2019 年 11 月 7 日）

18 農林水産省（2019e）『生産農業所得統計』
http://www.maff.go.jp/j/tokei/kouhyou/nougyou_sansyutu/
（最終閲覧日：2019 年 11 月 7 日）

19 産業競争力会議農業分科会（2014）『農業の産業化に向けて』。

20 農林水産省（2017）『農業者の皆さんへ：農業経営の法人化』。

④　経営継承を円滑に行いたい

⑤　農業所得が400万円を超えている

また、法人経営のメリットを農林水産省は次のように説明している[21]。

○　経営管理能力の向上

・経営責任に対する自覚

・家計と経営の分離

○　対外信用力の向上

・財務諸表の作成により、金融機関や取引先からの信用を得る

○　経営発展の可能性の拡大

・幅広い人材（従業員）の確保

○　農業従事者の福利厚生面の充実

・社会保険、労働保険の適用による従事者の福利の増進

・労働時間等の就業規則の整備、給与制の実施等による就業条件の明確化

○　経営継承の円滑化

・有能な後継者を確保することが可能

【地域農業としてのメリット】

○　新規就農の受け皿

【制度面でのメリット】

○　税制

・役員報酬を給与所得とすることによる節税

・欠損金の９年間繰越控除

○　融資限度額の拡大

・農業経営基盤強化資金（スーパーＬ資金）の貸付限度額：個人３億円（複数部門経営は６億円）、法人10億円（常時従事者数に応じ20億円）

21　農林水産省（2017d）『法人経営のメリット』
http://www.maff.go.jp/j/kobetu_ninaite/n_seido/houjin_merit.html
（最終閲覧日：2019年11月7日）

(2) 農林水産省による農業経営の法人化のための支援策[22]

法人化により、家族経営と比べて大きな支援を受けられるようになる。「法人化」は通過点であり、農地の集積・集約化、人材の雇用、資金の借入、資本の強化、経営計画の計画作成、複数の農家による法人化等の支援策をうまく活用しながら、本格的な法人経営を目指して、経営を発展させていくようにと勧めている。

(3) 農林水産省による農業経営の法人化のための予算概要

農林水産省は、2017 年時点で 21,800 法人を、2010 年比約 4 倍の 50,000 法人とすることを目標にしている。それを支える予算概要を説明すると次の通りである[23]。

［2017 年度予算の概要］

農業経営力向上支援事業【668 百万円】

・対策のポイント

意欲のある農業者が本格的な農業経営者へと成長し、更なる経営発展を図ることができるよう、農業経営の法人化等を推進、経営の質の向上を支援する。

〈背景／課題〉

・法人経営は、経営管理の高度化や安定的な雇用の確保、円滑な経営継承、雇用による就農機会の拡大等のメリットがある。このため、意欲のある農業者が本格的な農業経営者へと成長し、更なる経営発展を図ることができるよう、農業経営の法人化等を推進、経営の質の向上を図る。

22　農林水産省（2017d）『法人経営のメリット』
http://www.maff.go.jp/j/kobetu_ninaite/n_seido/houjin_merit.html
（最終閲覧日：2017 年 11 月 7 日）

23　農林水産省（2017d）『法人経営のメリット』
http://www.maff.go.jp/j/kobetu_ninaite/n_seido/houjin_merit.html
（最終閲覧日：2017 年 11 月 7 日）

・政策目標：今後10年間で、法人経営体数を5万法人に増加

〈主な内容〉

（1）法人化推進体制の整備 250百万円

都道府県段階において、法人化推進体制を整備し、法人化・経営継承・経営改善に関する専門家（税理士、中小企業診断士など）の派遣、セミナー・研修会の開催、相談窓口の設置等の取組みを推進する。

（2）農業経営の法人化等の支援 316百万円

集落営農・複数個別経営の法人化（定額40万円）および集落営農の組織化（定額20万円）等の取組みを支援する。

（3）農業経営の質の向上促進 102百万円

農業経営の質の向上を促進するため、経済界の協力を得て実施する人材のマッチングの取組みや、農業法人における従業員のキャリアアップの促進等の取組みを推進する。

（4）農業競争力強化支援法

第193回通常国会において、「農業競争力強化支援法」（平成29年法律第35号）が成立し、2017年5月19日に公布、8月1日に施行された。その目的を次のように述べている[24]。

農業が将来にわたって持続的に発展していくためには、農業の構造改革を推進することと併せて、「良質で低廉な農業資材の供給」や「農産物流通等の合理化」といった、農業者の努力のみでは解決できない構造的な問題を解決していくことが重要です。このため、本法律では、国の責務や国の講ずべき施策等を定めるとともに、農業資材事業や農産物流通・加工事業の事業再編等を促進するための措置を講ずること等により、農業者による農業の競争力の強化の取組みを支援し、農業や農業生産関連事業の健全な発展に寄与することを目的と

24　農林水産省（2017e）『農業競争力強化支援法』
http://www.maff.go.jp/j/kanbo/nougyo_kyousou_ryoku/sienhou/index.html
（最終閲覧日：2017年11月7日）

している。

4. 問題意識と研究の目的

上述の日本農業をとりまく厳しい環境に対する問題意識を背景に、中小零細の農家の現状を踏まえて、農家がめざす一つの方向として企業化に焦点を当て、企業化をより進め成長させていく過程を本書で提案する体系立ったプロセスに沿って分析し、中小零細農家の企業化への示唆となるものを抽出することを目的とした。

CiNiiでの論文検索によれば、一つの体系（プロセス）に沿って企業化の実態を調査・分析を進めている研究は調査範囲内では見当たらず、経営学、農業経営学の観点からも本研究の学術的意義を見出せると考える。

また、農林水産省は『食料・農業・農村白書』[25]、経済産業省は『農業産業化支援について—基本的考え方と方向性—』[26]、経団連は『わが国農業の持続的発展と競争力強化・成長産業化に向けて』[27]において、製造業が有する生産工程管理システム等を積極的に取入れ、生産性を向上させていかなければならない、と提言している。その第一歩として、製造業におけるノウハウの農業ビジネスへの応用可能性を大局観のもとに俯瞰する方法を見出すこともねらう。これらを通じて、中小零細農家の企業化へのひとつの示唆を与えようと思う。

25　農林水産省（2019）『食料・農業・農村白書』
http://www.maff.go.jp/j/wpaper/index.html（最終閲覧日：2019年11月7日）

26　経済産業省（2011a）『農業産業化支援について—基本的考え方と方向性—』。

27　日本経済団体連合会（2015）『わが国農業の持続的発展と競争力強化・成長産業化に向けて～食料・農業・農村基本計画の改訂に望む～』
http://www.keidanren.or.jp/policy/2015/004.html（最終閲覧日：2019年11月7日）

5．研究構成

(1) 研究の流れ

上述の問題意識のもとに、次に示す研究方法をとっている。

① 事例に基づく記述的推論
提案する体系立ったプロセスに沿って、現場参与観察、経営者インタビュー、複数回の意見交換等により事例を調査・分析する。

② ①の調査・分析内容に基づく因果的推論

③ 帰納的推論
上記の分析から、企業化を維持・発展させていくうえでの要因、農業企業化の存立基盤を考察する。

研究の具体化に当たっては、2017年度高知県・オランダ王国ウェストラント市先進農業視察への参加の機会を得たこともあり、分析内容の一部を反映している。先行研究としては「農業経営の企業化に関連する視点」という農業経営関連の視点、「経営情報論における要求分析（概念データモデル）の視点」、および製造業の知見として「製造業に関する視点」からレビューしている。

農業経営の現場参与観察、経営者へのインタビューや複数回の意見交換でのデータに基づいて、提案したプロセスに沿って分析した。

まとめると、本研究を進めるうえで、具体的には次のことに取組んでいる。

① 「日本農業をとりまく環境」「日本農業の現状」「政府としての動き―農業経営の法人化―」を踏まえて、問題意識、研究目的を示している。

② 次に、先行研究および調査結果を次の視点からレビューしている。

a. 「農業経営の企業化に関連する視点」

b. 「経営情報論における要求分析（概念データモデル）の視点」

企業化の実態を一つの体系（プロセス）に沿って調査・分析すべく、本研究の分析枠組みの理論的背景をレビューしている。

c. 「製造業に関する視点」

農業への製造業知見（考え方、取組みアプローチ）の反映を念頭に、主として製造の構造に関する先行研究をレビューしている。

③ 2017 年度高知県・オランダ王国ウェストラント市先進農業視察を通して、オランダ農業について分析・考察している。

④ 企業化の実態を一つの体系（プロセス）に沿って調査・分析する枠組みを提案している。

⑤ 提案した分析枠組みプロセスにて、実際の農業現場の参与観察、経営者へのインタビューや複数回の意見交換・ディスカッションによる事例研究を実施している。

⑥ 提案したプロセスに沿って得た生のデータおよび入手情報に基づき分析・考察している。

図 4　研究のフローチャート

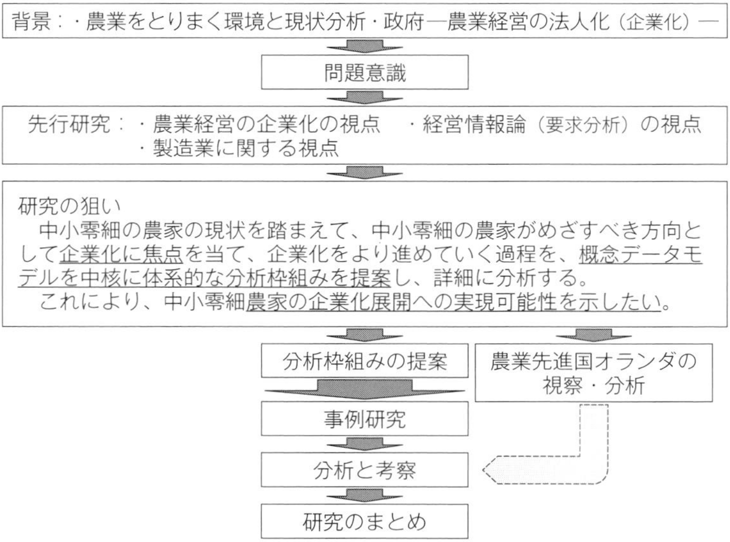

出所：筆者作成。

⑦　まとめとして、学術的および実務的含意、ならびに今後の課題を述べている。

本書を研究領域という観点でみると、経営情報論（要求分析）、地域産業振興論、経営戦略論の重なる領域を研究領域としている。経営情報論（要求分析）については、「経営情報論における要求分析（概念データモデル）の視点」にて述べ、特に「第４章　研究対象とその分析枠組み、理論的背景」にて生かしている。地域産業振興論、経営戦略論については「第４章　研究対象とその分析枠組み、理論的背景」および「第６章　分析と考察」にて生かしている。

(2) 本書における重要となる用語の定義

ここで、本書における用語を定義する。

①農業経営とは

本書でいう「農業経営」とは、酒井[28]の採用している「利潤を獲得することを目標にして多数の労働者を雇用して商品たる農畜産物を生産する単位組織体」とする。また『日本大百科全書（ニッポニカ）』に掲載されている「農業経営の解説である「統一した意思（経営主体・経営者）が、一定の目的をもって土地、労働力、資本などの要素を結合し、農産物の生産・処分を行う継続的な組織体を農業経営という」も同一と考える[29]。必ずしも大企業を意識したものではない。

定義を定めるにあたり、参考とした「農業経営」に関する定義、解説を下記に記す。

農林水産省[30]では、農業経営体という言葉で、「農林業経営体」の規定のう

28　酒井富夫（2011）「農業における「企業経営」発展の論理と展望」『農業経営研究』第48巻第４号，7-16頁。

29　小学館（2017a）『デジタル版 日本大百科全書（ニッポニカ）』
https://kotobank.jp/dictionary/（最終閲覧日：2019年11月7日）

30　農林水産省（2015）『農林業センサス報告書』
http://www.maff.go.jp/j/tokei/kouhyou/noucen/index.html

ち(1)、(2)または(4)のいずれかに該当する事業を行う者としている。「農林業経営体」の規定は次の通りである。

(1) 経営耕地面積が30アール以上の規模の農業

(2) 農作物の作付面積又は栽培面積、家畜の飼養頭羽数又は出荷羽数、その他の事業の規模が次の農林業経営体の外形基準以上の農業

(ア) 露地野菜作付面積　15アール

(イ) 施設野菜栽培面積　350平方メートル

(ウ) 果樹栽培面積　10アール

(エ) 露地花卉栽培面積　10アール

(オ) 施設花卉栽培面積　250平方メートル

(カ) 搾乳牛飼養頭数　1頭

(キ) 肥育牛飼養頭数　1頭

(ク) 豚飼養頭数　15頭

(ケ) 採卵鶏飼養羽数　150羽

(コ) ブロイラー年間出荷羽数　1,000羽

(サ) その他 調査期日前1年間における農業生産物の総販売額50万円に相当する事業の規模

(3) 権原《けんげん》に基づいて育林又は伐採（立木竹のみを譲り受けてする伐採を除く。）を行うことができる山林（以下「保有山林」という。）の面積が3ヘクタール以上の規模の林業（育林又は伐採を適切に実施するものに限る。）

(4) 農作業の受託の事業

(5) 委託を受けて行う育林若しくは素材生産又は立木を購入して行う素材生産の事業

『世界大百科事典第2版』によれば「農業経営とは農業生産を行う独立した意思決定単位およびその管理運営行動のこと」である[31]。より厳密にいえば、

（最終閲覧日：2019年11月7日）

31 平凡社（2002）『世界大百科事典第2版』
https://kotobank.jp/word/企業（最終閲覧日：2019年11月7日）

前者は農業経営構造、後者は農業経営管理であり、ふつうに農業経営というときにはこの両者を含んでいる。

②企業化とは

「企業化」については、両角[32]が「企業的農業経営は、従来の一般的な家族農業経営とは異なり、国民・消費者が求める需要に対し、合理化や多角化等を通じてより質の高い財やサービスを生産し供給することが期待される新たな経営形態である」としている。両角は、これら「国際的な価格競争や国内の家族農業経営の淘汰も背景に、株式会社などの法人形態をとり、他産業と類似した組織・事業・経営へ向かっている」とも述べている。本書では、法人化による企業経営と定義する。

定義を定めるにあたり、参考とした「企業化」に関連する定義、解説を下記に記す。

農林水産省は「農業法人について、農業法人とは、稲作のような土地利用型農業をはじめ、施設園芸、畜産など、農業を営む法人の総称」としている[33]。

ブリタニカ国際大百科事典小項目事典では、次のように解説している。「利潤追求を目的として、継続的かつ計画的な意図のもとに、生産、販売、サービスなど各種の営利行為を実施する一個の統一された独立の経済的生活体。広義の企業は私企業と公企業に大別できるが、狭義ではそのうち主体のために収益を上げることを目的とする私企業だけをさす」としている[34]。

デジタル大辞泉では「営利を目的として継続的に生産・販売・サービスなどの経済活動を営む組織体。また、その事業。資本主義経済のもとでは、ふつ

32　両角政彦（2016）「企業的農業経営の発展過程と存立基盤：花き園芸経営体の事例」『都留文科大学研究紀要』第84集，37-57頁。

33　農林水産省（2017g）『農業法人について』
http://www.maff.go.jp/j/kobetu_ninaite/n_seido/seido_houzin.html
（最終閲覧日：2019年11月7日）

34　ブリタニカ・ジャパン（2017）『ブリタニカ国際大百科事典小項目事典』
https://kotobank.jp/dictionary/（最終閲覧日：2019年11月7日）

う、私企業をさす」としている[35]。

世界大百科事典第２版では次のように解説している。「生産活動を継続して営む経済単位を「企業」という。国民経済は、この企業とともに家計・財政という個別経済によって構成されている。家計は消費生活を営む経済単位であり、財政は行政目的を実現するために消費活動を営む経済単位である。企業は、この家計や財政にとって必要なものを生産、販売し、それに伴う諸活動を行って、社会の需要を充足し、収益を獲得している。この収益から費用を差し引いた剰余が利潤であり、企業の発展の基礎となるものである」[36]。

大辞林第三版では「営利の目的で継続的・計画的に同種の経済行為を行う組織体。また、その活動」としている[37]。

デジタル版日本大百科全書（ニッポニカ）では「市場経済のなかで財・サービスの生産という社会的機能を担う経済単位、より一般的には経済的効用の創出を遂行する協働システムないし組織体を、企業とよぶ」と解説している[38]。

35　小学館（2017b）『デジタル大辞泉』
https://kotobank.jp/dictionary/（最終閲覧日：2019 年 11 月 7 日）
36　平凡社（2002）『世界大百科事典第 2 版』
https://kotobank.jp/（最終閲覧日：2019 年 11 月 7 日）
37　三省堂（2017）『大辞林第三版』
https://kotobank.jp/dictionary/（最終閲覧は 2019 年 11 月 7 日）
38　小学館（2017a）『デジタル版 日本大百科全書（ニッポニカ）』
https://kotobank.jp/dictionary/（最終閲覧日：2019 年 11 月 7 日）

第2章　先行研究のレビュー

本研究の関係する重要な領域である「農業経営の企業化に関連する視点」「経営情報論における要求分析の位置づけ・視点」、および「製造業に関連する視点」について先行研究をレビューする。

1. 農業経営の企業化に関連する視点

農業の企業化に関わる先行研究を概観しておきたい。農業をとりまく環境は大きく変化してきており、ここでは年代を追って順にレビューする。

2000年、八木[39]は「新しい農業経営の特質とその国際的位置」の中で、従来の自作経営などとは異なる新しい農業経営の特質について、次の7点を指摘している。第一の特質は、事業規模と事業領域の拡大を積極的に進めている経営であるという点である。事業部門そのものの拡大に加えて、複合化（水平的多角化）や垂直的多角化により、積極的な成長を図っている経営である。第二の特質は、事業規模ならびに事業領域の拡大の過程で、土地、労働、資本、技術等の経営資源の調達や外部依存を積極的に図るとともに、その有効活用を進めているという点である。第三の特質は、企業形態の選択において、有限会社等の法人化が志向されているという点であり、さらに事業領域の拡大の中で分社化ならびにそれぞれの法人間の事業提携なども進められている。第四の特質は、これらの経営が「戦略経営」であるという点である。第五の特質は、マーケティングをベースにおいた経営であるという点である。ここでは、マーケティングを「新製品の開発から生産された商品が、最終消費のところに至るまでの関係する一切の事業活動」と定義している。第六の特質は、社会化された

39　八木宏典（2000）「新しい農業経営の特質とその国際的位置」『農業経営研究』第37巻第4号，5-18頁。

経営であるという点である。社会に開かれた、いいかえれば社会的責任を持った経営でなければならないという面をもっている。第七の特質は経営者の役割こそが最も重要な経営の核になっているという点である、と述べている。現在から振り返ってみても、妥当な指摘であろう。

2001年には、後藤[40]が「企業的農業経営における経営成長・発展要因に関する一考察—「経営者意識に関するアンケート調査」の分析—」の中で次のように述べている。農業経営学は従来、主に「家族経営」をその研究対象としてきた。しかし今日、規模拡大、事業多角化などにより、家族経営の枠組みを超えている経営体（法人経営）が農業の担い手としてその比重を高めつつある。以上のような問題意識に基づき、本報告では、企業的農業経営の展開を見せる農業法人を対象に、経営者の意識や行動および、経営段階における成長・発展要因などを解明することを課題とする。なお、ここでいう企業的経営とは、単に制度的恩恵を受けるためだけに法人化しているような経営を除く、すべての法人経営と位置づけることとし、多様な経営を想定し、雇用形態や経営規模などを尺度に分類しないこととする、と述べている。これは、農業経営が「家族経営」から企業的農業経営へと変化していくことを背景にした研究となっている。

石崎[41]は「農業経営の企業経営化—生業的経営から企業家的経営へ—」の中で、成長方式からみた中小農業企業の成長について、次のように述べている。規模の拡大は生業的企業から企業家的企業への転換を促進する。経営者が廃業を回避したいという動機をもつ限り、企業競争によって淘汰されない程度に達するまでは規模拡大への行動が強く作用する。この意味で、生業的企業にも企業家的精神が内在し、規模拡大によって企業経営の舵取りが難しくなる点で企業家的経営にならざるを得ない。企業の量的成長は、内部成長（経営資源内部蓄積）型、外部成長（外部経営資源の内部化）型、共同成長（外部経営資源

40　後藤一寿（2001）「企業的農業経営における経営成長・発展要因に関する一考察：「経営者意識に関するアンケート調査」の分析」『農業経営研究』第39巻第2号，31-34頁。
41　石崎忠司（2001）「農業経営の企業経営化：生業的経営から企業家的経営へ」『農業経営研究』第38巻第4号，34-41頁。

の共有化）型に分けることができるとしている。

石崎[42]はさらに「経営戦略のモデル」として、次のように述べている。戦略モデルは、企業の成長あるいは利益創出のためのビジネス・システムをいい、生産・販売・労務・財務に共通的なアーキテクチャをいう。代表的な戦略モデルとして知られているのは、「大量生産型モデル」「フレキシブル生産型モデル」「ダイレクト生産型モデル」である。大量生産型モデルはコストの経済性、フレキシブル生産型モデルはスコープの経済性、ダイレクト生産型モデルは時間の経済性ないしはネットワークの経済性を、それぞれ競争優位の源泉にしている。各戦略モデルは基本的な考え方と経営管理方式を異にしており、その特徴を各側面についてみると、従来、製造業では、大量生産型モデルが典型的であったが、バブル経済崩壊時代にはフレキシブル生産モデルが、バブル経済崩壊後はダイレクト生産モデルが志向されている。いうまでもなく、農業経営でもこの三つのモデルがみられる。ただし、フレキシブル生産型モデルやダイレクト生産型モデルへの志向の度合いや進展度は製造業と比べて遅い。その理由として農業に固有の土地問題があると考えられるが、ITの進展は、農業経営を大量生産型モデルから一足飛びにダイレクト生産型モデルへ加速する可能性がある。ダイレクト生産型モデルの特徴である企業と消費者の直接的な結びつきは、中小農業企業にとっても成長の機会が得られることを意味する。マーケティング面でクイック・デリバリー、生産面で生産の外部化、労務面で契約労働、企業文化面で平等主義といった特徴は、従来の中小農業企業の経営を革新する可能性をもたらす、としている。

2005年、市川[43]は「集落営農の法人化の意義と経営展開の課題」として地域農業のなかで法人、とくに集落ぐるみの営農法人がどのように形成され、どのような位置と役割を持っているのか、その意義と限界について、実態・事例

42　石崎忠司（2001）「農業経営の企業経営化：生業的経営から企業家的経営へ」『農業経営研究』第38巻第4号，34-41頁。

43　市川治（2005）「集落営農の法人化の意義と経営展開の課題」『土地と農業』第35巻，23-41頁。

調査をもとに考察している。集落営農法人の成立要因は、第一に経営耕地面積、および事業が適切にあり、経営主体にほぼ対応している。第二に、高い生産性を上げ得る作物を作付けし、高い収益・純利益を上げている。第三に、農地を適切に集積・集団化をしており、適切な担い手労働力がある。また適切な経営者・リーダーが存在している。第四に、流通販売が確立しており、行政や農協等の支援も得ることができている、と述べている。将来的な展望としては農業経営という点でみるならば、経営体としての存立が必要になる。とすれば、その方法は参加経営者および雇用者の労働所得を世間並みに保障しなければならない。その場合、やはり相当な関係機関・団体の支援が必要であるとしている。

2008年、新田[44]は「「ビジネス経営体」の経営革新に関する一考察：静岡県鉢物（花卉《かき》）生産農家を対象に」にて、静岡県内で「ビジネス経営体」（企業的経営体）として、積極的とされる鉢物（花卉）生産農家を対象にして経営革新の対応方法の特徴を生産・流通、管理の側面から調査している。新開[45]は「企業的農業経営評価における農業経営学理論の再構築にむけて」にて、農業経営学にとっては、対象の変化に対応し、家族経営の発展型としての企業“的”農業経営だけでなく、企業による農業経営（企業農業）の存在を前提とした理論の構築が必要になっている、と述べ企業化を意識しているといえる。

2009年、青森県農林水産部は「青森県攻めの地域営農企業化戦略」と題した冊子を発行し地域営農企業化の推進を開始している[46]。

2011年、佛田[47]は農業法人2社について調査し強み・弱み・機会・脅威を整理している。農業経営においては、①出自が農家であるか否か、②法人であ

44　新田義修（2008）「「ビジネス経営体」の経営革新に関する一考察：静岡県鉢物（花卉）生産農家を対象に」『農林業問題研究』第44巻第1号，216-220頁。

45　新開章司（2008）「企業的農業経営評価における農業経営学理論の再構築にむけて」『農業経営研究』第45巻第4号，12-21頁。

46　青森県農林水産部（2009）『青森県攻めの地域営農企業化戦略』12月。

47　佛田利弘（2011）「農業における「企業経営」の実態と課題：経営実務の視点から」『農業経営研究』第48巻第4号，17-24頁。

るか個人か、③同族であるか非同族か、④通年雇用者が雇用であるか非雇用であるか、というような比較整理を行うことが、農業経営を見るに当たって現実的な視点となる、としている。

2013年、小田他[48]は、企業的農業経営体への飛躍・展開の条件として、次の4点をあげている。第一に、従業員の雇用形態が、期間雇用から年雇用・正規雇用という形態を採ること。第二に、高いレベルの生産技術を保持し、栽培農産物の質・量の安定化が図られていること、第三に、安定的な販路が確保され、拡大が図られていること。第四に、会計的には、持続的で正常な資金循環の下で、売上総利益いわゆる粗利の持続的黒字化から営業あるいは経常利益の持続的黒字化を目指していること、としている。

さらに、小田他[49]は、企業的農業経営体を取り巻く戦略上の方向性・目標について、次の7点をあげている。経営の内部的課題としては、第一に、経営者の所得獲得目標から経営体としての利潤獲得目標という経営目標の刷新が必要となろう。第二に、黒字化を目指すために費用を下げて対応するのではなく、薄利であっても価格を維持しあるいは引き上げることも含め、売上を伸ばして黒字化を図るという、利益構造における刷新が必要となろう。第三に、従業員のインセンティブを高める人事管理や、費用・収益構造を的確に把握できる財務管理等の経営管理に関する刷新も必要となろう。第四に、社長の経営指揮権を強力に補佐し得る専務を育成・配置したり、売り上げを伸ばすという観点から営業専門の担当者を育成・配置したりといった、経営組織の高度化と適切な人材配置が可能となる条件整備も必要となろう。他方、経営の外部的課題としては、第一に経営体としての社会的責任が発生し、それに応えることが期待されよう。また、六次産業化による新たな展開を考慮するなら、第二に地域に存在する多くの家族農業経営体や農協、その他さまざまな農業関連主体との

48　小田滋晃、長命洋佑、川﨑訓昭、長谷祐（2013）「次世代を担う農企業戦略論研究の課題と展望」『生物資源経済研究（京都大学）』第18巻，43-60頁。

49　小田滋晃、長命洋佑、川﨑訓昭、長谷祐（2013）「次世代を担う農企業戦略論研究の課題と展望」『生物資源経済研究（京都大学）』第18巻，43-60頁。

地域内ネットワークのハブとして存在することが期待されよう。さらには、第三に地域内外における農・食関連主体以外の、多様な経済主体や異業種との連携の構築も期待されることになろう、としている。

また、小田他[50]は、企業的農業経営体への展開と発展における仮説として、「行うべき三つの戦略」として3点をあげている。第一に、新技術、新商品の開発である。この開発によって、ニッチ市場も含め独自の市場で勝負することができるようになろう。第二に、正しい財務戦略の堅持である。特に、初期段階での規模拡大は、原則自己資本の範囲内で行うことが基本となる。第三に内部統制も含め、品質管理を中心とした科学的な生産管理技術の定着である、としている。企業的農業経営体の維持・発展に必要な戦略的課題と新たなアプローチの方向としては、個々の企業的農業経営体独自の戦略的課題に加え、地域・産地を前提とした戦略的課題が重要といえ、次の4点をあげている。第一に、「農企業」に総称される多様な農業経営体の中で、特に企業的農業経営体とそれ以外の農業経営体との戦略的な連携関係の構築できるか、という課題である。第二に、それら多様な農業経営体間や地域農業の関連主体間でのネットワーク化や人材交流を図ることにより、一定の地域ビジョンを地域・産地に位置する多様な農業経営体間で共有化しつつ、個々の農業経営体が持つ戦略とその地域ビジョンとを整合化できないか、という課題である。第三に、農地や水路に代表される地域資源をどのように保全するか、そしてその保全と各経営体の発展とが戦略的に見て整合的となり得るか、という課題である。第四に、多様な農業経営体間の連携関係を基礎として形成される地域農産物ブランドが、戦略的に見て地域・産地の保全・発展にどのように寄与できるか、という課題である。

2016年、両角[51]は、施設型農業においても土地利用型農業と同様に地域や

---

50 小田滋晃、長命洋佑、川﨑訓昭、長谷祐（2013）「次世代を担う農企業戦略論研究の課題と展望」『生物資源経済研究（京都大学）』第18巻，43-60頁。

51 両角政彦（2016）「企業的農業経営の発展過程と存立基盤：花き園芸経営体の事例」『都留文科大学研究紀要』第84集，37-57頁。

産地との関わりが企業的経営の発展・成長の鍵になるという仮定に基づき、家族農業経営から企業的農業経営へと脱した花卉園芸経営体の発展過程を捉え、企業的経営を成立させてきた存立基盤を明らかにするとして、次のように述べている。事例の企業的花卉園芸経営体に共通する地域的な存立基盤は、大規模な生産施設の利活用に至る行政や他の経営体との相互関係と、産地組織等による補助事業や個別の融資事業の導入にある。ただし、事例の経営体は必ずしもこれらの支援に期待せず、自己資金でまかなうことで、多額の設備投資を回避して経営している。企業的花卉園芸経営体ごとの固有の存立基盤は、一貫生産体制の確立を基盤とした経営規模の拡大や、品種開発技術を基盤とした地域間分業による周年販売と自社製品の確立と、産地内の固定資本の吸収を基盤とした多様な取引先の開拓と自社店舗の開設などにある。さらに、事例の経営体では、いずれも生産品目を限定する専門特化によって、高付加価値化、低コスト・量産化、経営の多角化の三つの方向への事業展開がみられた。高付加価値化では、全国的にも数少ない高度な施設を運用し、取引先を特定の大規模卸売市場に絞り込み有利販売を試みてきた。低コスト・量産化では、高品質化やブランド化に注目が集まる状況下で、市場動向を見極め、一般的な製品需要も継続していると判断し、高品質化の技術を保有しているにも関わらず、経営規模の拡大を目指し、技術力を活かした経営戦略を選択してきた。経営の多角化では、一般に法人化した花卉園芸経営体が「観光農園・交流事業」への展開を見出しているように、花卉園芸に携わっているからこそ可能になる顧客向けの店舗や地元住民向けの公園への製品供給等で新たな意味と価値を創造している。また、企業的農業経営の発展・成長は、他方で離農によって地域内に生み出された遊休生産施設や耕作放棄地が存在する限り、経営規模を拡大したり新たな事業を展開したりすることで可能になる。それは、生産環境の類似する地域内における経営体の淘汰を背景とする産地全体のリストラクチャリングを意味している。企業的農業経営の事業展開において地域や産地との関わりを柔軟に選択できる場合に、経営を発展・成長に結びつけることができる可能性が示された、と述べている。

2. 経営情報論における要求分析（概念データモデル）の位置づけ・視点

本書では、中小零細の農家の現状を踏まえて、中小零細の農家がめざす一つの方向性として企業化に焦点を当て、企業化をより進め成長させていく過程を提案する体系立ったプロセスに沿って分析していく。その分析プロセスの基となる要求分析に関する先行研究をレビューする。

(1) 経営情報論と要求分析の位置づけ

要求分析は、経営情報論にて議論される「情報システムの計画・設計・開発」の中にてユーザーの要求を上手に汲み取る手法として位置づけられる。ここでは、経営情報論に関する主要文献に基づき、要求分析の位置づけを確認する。

①経営情報論と要求分析（宮川公男）[52]

経営情報論としては定義していないが、経営情報学会（宮川公男は第2代の会長）の目的、ミッションとして次のように説明している（経営情報学会は、経営情報学に関する研究の推進と議論の場として、1992年4月1日に、旧・日本経営情報学会（JASMIN）と旧・経営情報学会（AMI）とが統合され設立された学会である）。

・経営情報学会の目的

経営情報学会は、経営情報に関わる諸問題の研究および応用を促進し、会員相互および関連する学協会との情報交換をはかるとともに、経営情報学の確立、産業の進歩発展に寄与することを目的としている。

・ミッション

これからの企業、組織、社会、また個人にとって、情報技術の利用は、ます

52　宮川公男、上田泰編（2014）『経営情報システム〈第4版〉』中央経済社。

ます重要になっている。しかし、情報技術の開発に比べて、その利用についての理論的研究は十分なされているとはいえない。

経営情報学会の使命は、情報やコミュニケーションと経営の接点に関心を持つ研究者、実務家、および教育者に対して、企業、組織、社会、また個人の情報および情報技術の活用に関する対話の場を提供することにある。

経営情報論での要求分析の位置づけについては、宮川・上田編（2014）の構成において、「第 14 章 情報システムの計画・設計・開発」に要求分析を位置づけていると考える。

②経営情報論と要求分析（遠山暁）[53]

遠山は、「経営情報論」について次のように述べている。「経営情報論」は企業などの組織体の IT を前提にする情報的相互作用を中心にして研究する伝統的な経営情報システム論の限界と問題点を克服し、さらには IT を前提にする経営情報システムの研究や実践を意義あるものにするための総合的理論としての役割や期待を担っている。

「経営情報論」は、企業などの組織体の業務や管理活動を情報的相互作用という視点から解明して、理論化を試みるとともに、組織体が環境に適応的に発展することに貢献する情報的相互作用を効率的・効果的に行うメカニズムの構築と管理のための理論である。IT の技術的・経済的合理性は経営情報論の必要条件であっても十分条件にはならない。「経営情報論」は、IT と非 IT による情報的相互作用をいかに補完的に機能させて、企業などの組織体を維持発展させるかを扱う理論であり、見方を変えれば、情報的経営論ともいえる実に広義な総合的経営理論なのである、としている。

経営情報論における要求分析の位置づけに関しては、遠山（2003）の構成において「第 5 章　経営情報システムの設計・開発」に要求分析を位置づけていることから確認できると考える。

53　遠山暁、村田潔、岸眞理子（2003）『経営情報論』有斐閣。

③経営情報論と要求分析（岸川善光）[54]

岸川は、経営情報論を説明するに当たって、経営と情報に関する学問分野の学際的アプローチが必要不可欠であるとしている。「経営と情報の関係性」を体系的に説明するためには、経営管理論、経営組織論、経営戦略論、イノベーション論の知見を体系的に取り込むことが必須条件になる、としている。経営を研究対象とする学問分野の知見が不足すると、「経営と情報の関係性」を説明することはできない。情報を研究対象とした情報通信システム論の知見が乏しいと、「経営と情報の関係性」を体系的に説明することはできないと述べている。

経営情報論での要求分析の位置づけについては、岸川編（2017）の構成において「第７章　経営情報システムの管理」に要求分析を位置づけていると考える。

(2) 要求分析における概念データモデルの位置づけ[55]

要求分析とは、システム構築におけるユーザーの要求を、科学的に定義するための方法や考え方の総称である。ユーザーの目的や必要な機能に関する要求をまとめ、システムに正しく反映させる手法全般を対象にするものである。要求工学は、1970年代後半から米国で研究が進められてきており、2004年に日本では本格的な取組みが始まった。独立行政法人情報処理推進機構（IPA: Information-technology Promotion Agency）にあるソフトウェア高信頼化センター（SEC: Software Reliability Enhancement Center）（2013年６月１日付で「ソフトウェア・エンジニアリング・センター」より名称変更）が研究部会を立ち上げて取組んでいる。図５に示すように、システム開発の超上流プロセスの「要求定義」の工程に位置づけられる。

要求の分析方法には、下記に示すように、①機能の視点に基づく分析方法、②構造の視点に基づく分析方法、③挙動の視点に基づく分析方法、の三つの分

54　岸川善光編（2017）『経営情報要論』同文舘出版。
55　手島歩三編（2011）『働く人の心をつなぐ情報技術―概念データモデルの設計』白桃書房。

図5　システム開発の工程と要求分析（要求定義）

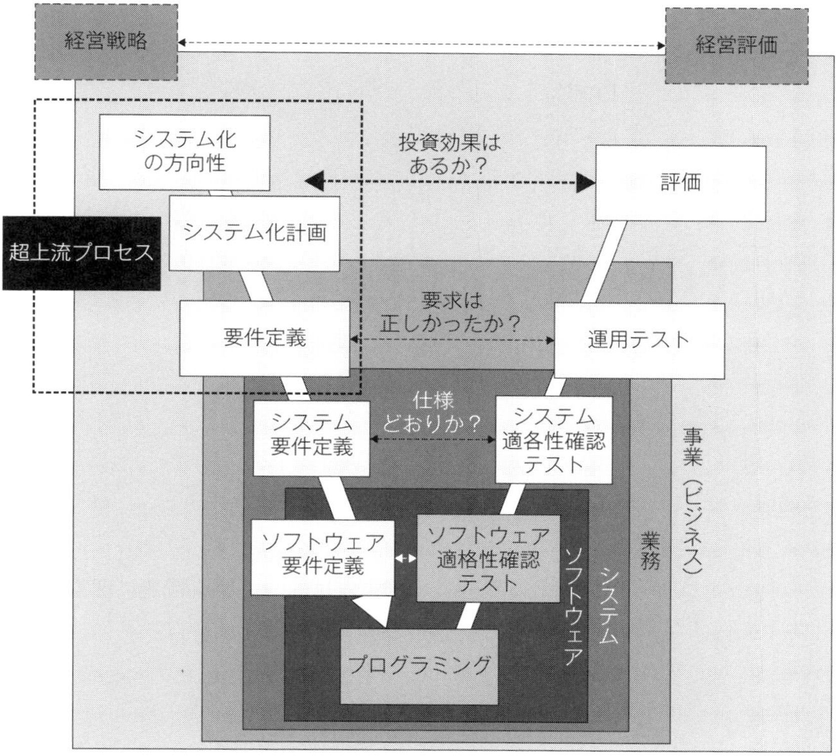

出所：室谷隆著、（独）情報処理推進機構（IPA）内 SEC の資料、45 頁より引用。

析方法がある。本書で採用する概念データモデルは、②構造の視点に基づく分析方法といえる。

① 機能の視点に基づく分析方法

視点：機能＝処理（Process）

モデル：データフロー（入力データ・処理・出力データ）

分析方法：データフロー分析（Data Flow Analysis）

② 構造の視点に基づく分析方法

視点：エンティティ（Entity）＝データ

モデル：ER（Entity-Relationship：実体・関連）

分析方法：概念データモデル

③　挙動（振舞い）の視点に基づく分析方法

視点：状態（State）

モデル：状態遷移（State Transition）

分析方法：状態分析

3. 製造業に関連する視点

農林水産省は「2013年度 食料・農業・農村白書」[56]において、経済産業省は報告書「農業産業化支援について―基本的考え方と方向性―」[57]において、農業の国際的な競争力を上げるには、世界で優位にある日本の製造業のノウハウを農業に生かすことが必要であると述べている。本書では、中小零細の農家がめざす一つの方向として企業化に焦点を当てており、製造業のノウハウを農業に生かすこともポイントの一つである。製造業のノウハウを農業へ持ち込むアプローチを示唆すべく、製造業に関連する先行研究をレビューする。

具体的には、生産システム論の観点から生産システムの概念と基本構造を先行研究も踏まえて整理したのちに、日本の製造業の強みについて、さらにそれを支える情報システムとともに説明する。

(1) 生産システム論―先行研究のふりかえり

①生産システム論の観点―人見勝人の視点[58]

人見は、生産について次のように述べている。

生産とは、この世に無い事物を新しく作り出すことで、人類の生存基盤とし

56　農林水産省（2014）『平成25年度 食料・農業・農村白書』
http://www.maff.go.jp/j/wpaper/w_maff/h25/（最終閲覧日：2019年11月7日）

57　経済産業省（2011a）『農業産業化支援について―基本的考え方と方向性―』。

58　人見勝人（2006）「生産システム：過去，現在，そしてこれから」1-10頁。および、人見勝人（2011）『生産システム工学：総合生産学への途 入門編（第5版）』共立出版。

ての歴史的所産であり、文化を創り、富を生成する。その産出物、財貨（goods）は、有形の場合は製品であり、無形の場合はサービスである。前者は購入者に所有権が移り、時間的に持続して使用される。後者は一時的に提供者から需要者へ享受されるが、貯蔵できず、生成と不可分に消滅する。

統合化・融合化・有機化・体系化（インテグレーション）された生産に関する学問が、生産システム工学：Manufacturing（or Production）Systems Engineering（MSE）である。

これは、基本的には次の六つのアプローチをとる「生産システム工学の学理」という。

・生産システムの概念と基本構造を明確にすること、つまり生産システム（特に物の流れ／ロジスティックス）の設計の問題（システム工学的アプローチ）
・生産システムを最適化すること、つまり生産の最適意思決定の問題（経営科学／オペレーションズ・リサーチ（OR）的アプローチ）
・生産システムを制御すること、つまり生産の自動化・コンピュータ化の問題（制御工学的アプローチ）
・生産システムにおける情報の流れを適切にすること、つまり生産の管理情報処理の問題（情報技術（IT）的アプローチ）
・生産システムにおける原価の流れを把握すること、つまり生産の経済性やコスト・マネジメントの問題（経済工学／生産経済学的アプローチ）
・生産システムの社会的・哲理的意義を考察すること、つまり生産の社会性の問題（社会科学的アプローチ）

基本的な生産形態として、次の分類を示している。

◆製品仕様の確実性による分類

製品仕様（型式、性能など）があらかじめ確定しているか不確実であるかにより、次の二つがある。

・注文（ないし受注）生産（production（or build）to order）

・見込（または見越）生産（production for stock〔replenishment〕）

「注文生産」は生産の工程、作業、生産要素の種類と数量などの基本的事柄が明確で、生産計画がたてやすい。これに対して「見込生産」は生産の基本的事柄が既知でなく、生産計画はあらかじめたてにくい。

◆生産数量に基づく分類

規定の期間における予想販売量ないし需要量の大小に基づいて、次の分類がなされる。

・個別（または一品、少量）生産（jobbing production）

注文に応じてその都度製品を一品ずつ個々別々に作る。

・間欠（またはロットないしバッチ）生産（intermittent（or lot or batch）production）

上記の「個別生産」と「間欠生産」との中間の形態として、ある程度の一定数量をひとまとめ（ロット（主に機械工業で）またはバッチ（装置工業で））にし、その分を定期的に繰り返して連続的に生産する。

・連続（または大量）生産（continuous（or mass）production）

生産数量が非常に多くて一品目のみを作るもの。そのうち自動車組立ラインのように、型式、色彩、内装などが異なる機種が個別に同一ライン上流れ作業で多量に作られる様式を混流生産という。

◆製品構成による分類

製品とそれを構成する部品・組成との関係によるもので、次の種類がある。

・組立生産（discrete-part production）

機械製品のように、いくつかの個体部品（discrete parts）からできていて、分解可能な製品の場合。

・プロセス生産（process production）

化学製品のように、加工によって個体成分の特性が不明確になるような最終製品の場合。

・分解生産（discomposing production）

石油精製のように、一つの原料が工程の進行につれて分解されながら、いくつかの製品や半製品になる場合。

②生産システム論の観点―玉木欽也の視点[59]

玉木は生産方式の分類について次のように整理している。

生産方式を装置工業と組立工業の業種によって大別すると、装置型生産と組立型生産になる。

装置型生産システムは、後工程になるに従って加工が加えられて、扇が広がるような形でいろいろな製品に変化する生産形態になる。例えば、パイプラインを流れて加工されるのが基本であるが、それに準じるものをセミ・プロセス型生産ということがある。セミ・プロセス型生産には、食品・薬品などの化学製品、鉄鋼・アルミの圧延、製紙のような素材製品などがある。

一方、組立型生産システムでは、自社の工場内で部品を製作あるいは外部から部品調達してきたものを集めて、それらを組み立てて製品をつくる。したがってこのシステムは、必要な部品を加工する製造ライン（加工工程）や、自社で作れない材料や部品の調達機能、それらの材料・部品を組み立てて完成品にする製造ライン（組立工程）からなっている。この装置型生産と組立型生産について、生産システムと生産管理上の相違点を比較してみる。

◆装置型生産システム

装置型生産システムにおける装置は、一般的に組立工業と異なり、それぞれの装置のもつ収率を高めるために、製品計画で設定した生産数量の目標値に対して、最適になるように生産設備の設計がなされている。したがって、計画数量以上の生産もしくはそれ以下の生産をした場合には、その装置の能率の低下は避けられないのが普通である。このことは、装置工業にあっては装置が一度計画され設置されると、製品品種およびその生産能力は設定された装置によってかなり制約を受けるということである。すなわち生産計画の変更という点に関して、装置工業では組立工業に比べて柔軟性が低い。装置全体のためのプロ

59　玉木欽也（1996）『戦略的生産システム』白桃書房。

セス制御システムが発達してきたこともあり、装置設定後の工場の管理は、生産計画の指示と装置の運転管理の点に関して比較的容易といえる。

また、セミ・プロセス型生産では、見込生産方式と受注生産方式を混在して用いることがある。つまり、顧客の注文に短納期に対応するために、ある程度ロットをまとめ、見込み型で途中工程まで生産を進めておき、ある工程以降は顧客の注文に合わせて製品を加工する形式も多くとられている。

◆組立型生産システム

これに対して組立型生産にあって、使用機械の選定はもちろん前述と同じ生産計画目標の観点に立って行われるのではあるが、どちらかというとこれらの機械類は市販の汎用的なものを使用することが多い。そのため、むしろ機械類はその集合されたシステム全体としての生産能力から、計画数量に適合するように設備種類・設備台数の決定をすることに注意が注がれる。

この組立型生産にあたっては、製品が個々の数多くの構成部品によって組み立てられているため、生産に対する作業は一般的に構成部品の加工工程と、それらのものを組み立てる工程とに大別して考えることができる。すなわち加工工程は、所定の材料をいわゆる工作機械によって切削し（また必要により研削し)、あるいは板材をプレスにより切断・打抜き・曲げなどの加工を行って個々の構成部品を製作する。

一方、組立工程ではそれらのものをまとめて定められた組立順序に従って機械力あるいは人力によって組み立てをする。一般的に、耐久消費財や自動車などの機械工業に多い生産方式である。

通常、このような製品を扱う企業では、その市場の規模から、少品種の製品を大量生産することはまれであって、同一系列の製品を、比較的種類が多く、しかも小さな単位で生産している場合が多い。これは装置工業の設備に比べて、それらの機械類が弾力性のある構成をなしているためといえる。そのような意味から、装置型生産に比べて、組立型生産システムは小資本でも、運営可能な傾向があるといえる。

製品組立に必要なすべての部品を自社で生産することは不可能なので、主要な部品を自社で生産し、ほかは外部から購入する。製品の種類も多く、その製品ごとの部品も多いので、的確に部品を用意して、タイミングよく組立ラインに供給することが、生産管理上のポイントとなる。

このように組立型生産システムの生産計画は、企業の外部、内部のいろいろな要請に対して装置工業のようにその設備により半ば決定的に左右されるというような特長をもっていない。内外の要請に応じた工程の変更が比較的可能であるということのために、かえって工程の管理は非常に煩雑となることが多い。

◆生産方式の分類

組立型生産システムに関連する工場といっても、自動車部品の加工工場もあり、家電製品の部品を調達しその組立工場もあり、さまざまな種類の工場がある。工場の性格を、生産品種や製造方法などから考えると、それらは企業ごとによって異なり、それによって生産管理の業務方法も変わる。

しかし、一般的には生産方式が同じであれば、業種が多少違っても、管理システムの特性が類似することがある。この工場の性格を規制する最大の要件はその中でも生産方式で、これには種々の分け方がある。

生産管理の見地からは、業種や企業規模の大小よりも、生産方式のほうが重要である。業種や作業に多少の相違があっても、生産方式が同じであれば、類似した生産管理の方法を適用できる。したがって、生産方式はそのままにしておいて、生産管理の方法だけを改善しても、その効果には限界がある。両者を改善してはじめて、生産管理のレベルアップを図ることができる、としている。

③「生産」と「製造」―藤本の視点[60]

藤本は「生産」と「製造」について次のように解説している。生産（produc-

60　藤本隆宏（2001）『生産マネジメント入門Ⅰ【生産システム編】』日本経済新聞社、藤本隆宏（2003）『能力構築競争：日本の自動車産業はなぜ強いのか』中央公論新社、藤本隆宏（2004）『日本のもの造り哲学』日本経済新聞社、藤本隆宏（2012）『ものづくり

tion）とは、基本的には生産要素（原材料、労働力、機械など）を有用な財（有形、無形）に変換する過程（プロセス）である。近代経済学者はこれを生産関数で表し、マルクス経済学者は価値増殖過程で表現し、技術者や経営学者は工程フローダイアグラムで示す。

生産される財は、有形ならば製品（product）、無形ならばサービスと呼ばれるが、実際にはこの区別は厳密ではなく、例えば金融業界などでも「製品」「商品」という言葉を使う。「製造」（manufacturing）という言葉も、「生産」に近い使われ方をするが、これは、有形財の生産に限定して使われることが多い。製造業といえば、有形財を生産する企業の集まりであり、サービス業は原則的に含まない。ただし、アメリカでは manufacturing は設計・開発を含む広い機能を表すこともある。

いずれにしても、製造とは、有形の素材を有形かつ有用な財に変換（transform）する過程である。特に断りのない限り、「生産」（production）は素材が物的な変形を受けて最終的な製品に変換される狭義の過程、また「製造」（manufacturing）は生産のみならず製品開発や購買をも含む価値創造プロセス全体を指すものとする。

(2) 日本製造業の強み

日本の製造業のノウハウを農業に生かすことは日本の農業にとって重要なことである。ここでは日本の製造業に対する評価を、海外からの視点と国内からの視点で整理する。

①海外での評価の一例

「日本の製造業の『絶対的な強み』はこれだ！中国も太刀打ち不可能」と題して次のような評価がなされている[61]。日本の製造業には他国の製造業がまっ

からの復活：円高・震災に現場は負けない』日本経済新聞出版社。

61　村山健二（2016）「日本の製造業の「絶対的な強み」はこれだ！中国も太刀打ち不可能」

たく太刀打ちできない、①優れた生産方式によるコスト削減、②ユーザーのためのイノベーション、③特許で築かれた鉄の壁、④生産技術の高さ、⑤多品種少量生産の、五つの絶対的な強さがあると論じている。

さらに、筆者が所属していた鉄鋼産業に関しては次のような評価がなされている[62]。日本は国内で鉄鋼石が産出されないにも関わらず、鉄鋼産業において非常に高い技術力を持つと指摘し、「日本の鉄鋼メーカの技術力と製品の品質は恐ろしいほど高い」と伝えている。日本の鉄鋼メーカは「国際市場で最も高い競争力を持つ」といっても過言ではないとし、研究開発能力や管理能力、そして、製品の品質など「すべてにおいて一流である」。そのほか、日本の鉄鋼メーカは特殊鋼など高い品質と技術力が求められる鉄鋼製品では世界で大きなシェアを獲得している。中国の世界の特殊鋼市場におけるシェアは数パーセントに留まるのが現状であり、日本と中国の技術力には「圧倒的な差がある」のが現実だ、と指摘している。

②国内での評価―先行研究から

増田[63]は、日本のものづくり競争力の源泉を原陽一郎の「企業の競争力の構成要素」をもとに分析し、日本のものづくり企業の置かれた環境、組織風土、仕事の進め方には、欧米企業にはない下記6点の特性がある、と述べている。

・国内・企業内にある産業・技術・技能の深い蓄積

日本の国内には、幅広い分野の素材から最終製品までフルラインナップで高度な産業の集積があり、多種多様な要素技術や技能の蓄積がある。例えば、鉄鋼メーカが世界最高の高級鋼材を作れる理由は、世界一要求水準

---

http://biz.searchina.net/id/1604219?page=1. Searchina
（最終閲覧日：2019年11月7日）

62　村山健二（2017）「中国の粗鋼生産量は世界一でも、日中の技術力には「圧倒的な差がある」」中国報道
http://news.searchina.net/id/1632117?page=1. Searchina
（最終閲覧日：2019年11月7日）

63　増田貴司（2007）「日本のものづくり競争力の源泉を考える」『経営センサー』5月号，東レ経営研究所，22-35頁。

の厳しい日本の自動車メーカの要望に応える形で技術力を向上させてきたからとしている。

・作り手と使い手の一体化
・現場重視と現場の課題解決能力
・多能工の重視
・チームワーク・組織の一体感・帰属意識の重視
・よりよいものを作ろうとする熱意

(3) 日本経済団体連合会の2015年度日本の国際競争力調査結果[64]

（調査時期2016年3月～4月、対象経団連会員企業、方法選択・記入式、回答数製造業173社）

グローバル市場における競争力の現状評価では、「高い競争力を有している（若干高い競争力を有している、を含む）」と回答したのは製造業で4割以上である。3年後の競争力の見通しについては、「現状より高くなっている（現状より若干高くなっている含む）」との回答が6割を超えており、日本企業の技術に対する自信のほどがみえている。

(4) 日本の製造業の強み―鉄鋼産業を例に

日本の製造業の強みを、鉄鋼産業を例に述べる[65]。

①日本の鉄鋼産業の国際競争力

鉄鋼産業とは、産業分類上は、製銑《せいせん》を行う製鉄業、製鋼・圧延《あつえん》業、製鋼を行わない鋼材製造業などに分けることができる。巨大設備による大量生産を特色とし、製銑から圧延までを一貫する（銑鋼一貫の）大製鉄企業が生産の大半を占めている。広範な産業分野に基礎素材である鉄鋼製品を供給している。鉄鋼

64　日本経済団体連合会（2016）『2015年度日本の国際競争力調査結果』。
65　井形元彦、正本順三、桂信太郎（2013）「日本産業の国際競争力」『四銀経営情報』第132巻，1-22頁。

生産は国力や産業力の基礎としての性格をもち、主要国では8割程度以上の自給率を維持している。粗鋼《そこう》（転炉や電気炉などで精錬され、圧延や鍛造《たんぞう》などの加工を施す前の鋼）の生産量の順位に日本の企業を並べてみると、新日鐵住金（新日本製鉄と住友金属工業が2012年10月1日に経営統合）、JFEスチール（川崎製鐵とNKKが2002年に経営統合し、JFEスチールは2003年に発足）および神戸製鋼所がある。

世界と日本の粗鋼生産量の長期推移は、1950年ころは、米国、ソ連、ドイツ、日本が主要生産国であったが、徐々に生産国が増え、現在では、中国の粗鋼生産量が1996年から連続して世界一となり、インド、韓国も上位になっている。新興国を中心に鉄鋼需要が増大していくなか、日本の対世界シェアをみると1973年に17.1％に達した後、長期的に低落している。

かつて、世界トップを誇った日本の鉄鋼メーカであるが、海外勢に苦戦を強いられている。第1位のアルセロール・ミッタルとは、インド人経営者の率いるミッタル・スチールが、当時、世界2位であったアルセロール（鉄鋼不況期の2001年にフランスのユジノール、スペインのアセラリア、ルクセンブルクのアーベッドの3社が合併し発足）を敵対的買収して、世界最大の鉄鋼メーカとなったものである。

このような状況にある日本の鉄鋼産業であるが、自動車向けの高張力鋼板、エネルギー開発に不可欠な継目無鋼管、高速鉄道用の高級レール・車輪などの高級鋼分野で、技術的に高い競争力を有している。さらに、製鉄プロセスでの省エネルギー技術も世界最高水準という強みをもっている。しかし、日本は鉄鉱石、原料炭を全量輸入している。その輸入先は、豪州（鉄鉱石、原料炭）、ブラジル（鉄鉱石）、インドネシア（原料炭）など特定の国に依存している。近年、資源メジャーによる市場寡占化の動き、資源保有国における資源ナショナリズムの動きなどもあり、供給面での不安定要素が増大し、原料価格は上昇しており、鉄鋼原料の安定確保が重要な課題となっている。

「鉄鋼産業の活力の再生及び事業の革新に向けた基本指針（平成23年経済産業省告示第183号）」[66]では、今後の基本的方向性を次のように述べている。①

生産体制の集約化・効率化を図ることによりコスト競争力を強化するとともに、需要産業とも連携した高度な製品開発を加速すること。そうした生産を実現するための設備投資等を着実に行っていくこと。②輸出先の更なる多様化を図るとともにこれまで以上に現地生産の比率を高めていくこと。そのために、日本から半製品を輸出して現地で加工する垂直分業型の現地生産の拡大を図るとともに、新興国での高炉建設も視野に入れた本格的な海外事業展開に取組んでいくこと。③海外の資源権益を獲得し、自社保有権益からの調達を増加させること。その際、資源メジャー以外の資源会社との連携や、アフリカなど豪州、ブラジル以外の国での権益獲得にも積極的に取組んでいくこと。国内メーカ各社が共同で権益を獲得していくような取組みも進めていくこと。④低品位原料を活用した還元鉄の製造やこのための技術開発に取組んでいくこと。また、原料使用効率の向上を目指した技術開発を加速させること。⑤地球温暖化問題への対応として、中長期的には、日本の鉄鋼メーカの海外展開を通じて、日本の高い省エネルギー、低炭素技術を諸外国に移転させ、世界的な温室効果ガスの排出削成に貢献すること。⑥世界最高水準の技術力を強化し、高品質の鋼材分野での優位を維持していくために、技術開発投資の維持・強化、技術人材の確保、産業間連携の一層の強化に取組んでいくこと。なお、高い技術水準を有する日本の鉄鋼メーカの海外展開に当たっては、技術流出の防止にも重要な課題として取組んでいくこと、などを挙げている。

新日本製鉄と住友金属工業の経営統合や、JFEスチールによる台湾の総合石油化学メーカである台湾プラスチックグループとのベトナムにおける高炉一貫製鉄所プロジェクト（粗鋼生産量約700万t／年を計画）を建設し、2017年5月に稼動させることができたことも、この指針に沿ったものと思われる。

デロイト・トウシュ・トーマツ・リミテッドのグローバル製造業グループ、および米国競争力審議会が作成した「2013年世界製造業競争力指数」報告書では、「世界各国の製造業企業のCEO、および企業経営陣ら550名以上を対象

66　経済産業省（2011b）『鉄鋼産業の活力の再生及び事業の革新に向けた基本指針（平成23年経済産業省告示第183号）』。

に行った調査を詳細に分析した結果、競争が激しい製造業における展望は、大規模なパワーシフトの中にいること。米国・ドイツ・日本など、20世紀の製造主要国は、今後5年間の間に、中国・インド・ブラジルなどの新興国に対する競争力の維持が困難になる。」という予想が出されている。

日本として、新興国に逆転されぬように、各課題に着実に取組んでいくことが重要であり、鉄鋼産業もその一翼を担うことが期待されている。

②日本の鉄鋼産業を支える情報システム

日本の鉄鋼産業の競争力は、各社が仕事の仕組みのノウハウを注ぎ込んで開発・運用してきた情報システムによるところも大きい。たとえば、川崎製鉄株式会社（現、JFEスチール株式会社）では、すでに1980年代後半において、システム開発設計方法論のもとに、次に紹介するような販売・生産・物流分野の総合一貫システムの構築、情報の活用を推進するために全社ネットワークならびに事業所LANの構築、大規模データベースの構築、研究開発を支援するためのスーパーコンピュータの導入等を実現していたことからも伺い知ることができる。そこで、その概要を紹介する[67]。ちなみに新日本製鉄株式会社（現、新日鐵住金株式会社）においても、同様のシステム化を実現している[68]。

川崎製鉄技報「システム特集号」（第20巻第2号，1988）の巻頭言における、大島眞の論旨の要点を以下に記す[69]。

我が国、鉄鋼業におけるコンピュータの利用は既に30年の歴史を有し、特に生産管理分野では、大量生産設備を用いて、多品種、受注生産を円滑に

67　大島眞（1988）「巻頭言」『川崎製鉄技報』第20巻第2号、大杉賢三、黒木靖生、増田行治、財部忠夫（1988）「当社における情報システム構築の概要」『川崎製鉄技報』第20巻第2号，89-94頁、田中清三、有木徹、井形元彦、山崎進、高橋いずみ（1988）「総合品質管理解析システム」『川崎製鉄技報』第20巻第2号，138-143頁。

68　渡辺裕司、熊田英敏（2001）「鉄鋼業の総合情報システム」『日本マリンエンジニアリング学会誌』第36巻第10号，827-833頁。

69　大島眞（1988）「巻頭言」『川崎製鉄技報』第20巻第2号。

効率よく運用するためのシステムを逐次構築してきた。また生産プロセスではコンピュータ・コントロールの開発によって自動化のみならず高品質製品の製造を可能としてきた。

1983年からは、製品の高級、多品種、短納期化などサービス力の強化を目的として、製銑・製鋼・圧延の同期化・連続化を基軸にした販売・生産・物流分野の総合一貫システムの構築ならびに業務の効率化・高度化の全社的推進のための新しい企業情報システムの開発を進めた。①全社的にシステム開発計画の策定、調整および審議の機能、機構を強化し、着実なシステム開発を推進した。生産管理分野では設備計画および技術開発と緊密な連携をとったシステム開発プロジェクトの推進を、また経営管理等の事務分野では全社業務体系の標準化推進により複数事業所システムの共同開発、集中運用を実現した。②情報システム開発設計方法論の確立および開発環境の整備を推進することにより開発生産性の大幅な向上を図った。③全社ネットワークと事業所LANの構築、大規模データベースの構築、研究開発を支援するためのスーパーコンピュータの導入等々情報インフラストラクチャーの整備を強化してきた。

より戦略的な情報システムの構築のための構造改革を推進し、需要家のニーズを先取りして製品の付加価値を高め、顧客へのサービスをより向上させるため、巨大装置産業である鉄鋼業FMS（Flexible Manufacturing System）の確立を目指して技術開発、システム開発を続ける。

以上のように述べている。上記の方針は、現在も変わることなく引き継がれている。情報化を実現する技術はその時々の最新のものが採用されているが、鉄鋼産業の強みを支える情報化の考え方、情報システムの大きな枠組み、技術基盤はこの頃に確立されたと考える。

第3章　農業先進国オランダの状況
―平成29年度高知県・オランダ王国ウェストラント市先進農業視察を踏まえて

高知県では、平成21年（2009年）11月にオランダ王国ウェストラント市との間で友好園芸農業協定が締結された。それに基づき下記の視察が執り行われている。

筆者は、平成29年（2017年）日本の中小零細の農業の企業化について研究するうえで、農業の先進国であるオランダに学ぶものがないか、「平成29年度高知県・オランダ王国ウェストラント市先進農業視察」に同行してきた。現場の見学・調査も踏まえてオランダの農業、特に施設園芸作物の側面に重点を置いてオランダの農業について分析した。オランダにおいても、家族経営から企業経営へと移行し農業ビジネスが進展しており、以下に概要と分析内容を述べる。

1. 参加者

参加者は、農業者7名、農業高校関連4名（生徒3名、教員1名）、農業協同組合3名、市場関係者7名、流通関係1名、農業参入検討企業1名、行政機関5名に筆者をいれて計29名であった。

2. 訪問先

ワーテリンゲン市の担当者の方のオランダ農業に関する大局観のお話から始まり、訪問先は種苗会社、温室設計の設置・建設会社、施設園芸関係機器も展示する民間の農業試験場、園芸コンサルタント会社、ユリ球根の輸出会社、環境制御機器メーカと次の通り幅広い分野の企業であった。

・ワーテリンゲン市庁舎会議室アントン氏よる歓迎式

アントン氏、レムコ ベイクラー氏によるオランダ設園芸関係プレゼンテーション

・ヴァンデベルグ（トルコギキョウ生産者）

・ミッシェル グローテスコーテン（キク生産者）

・ストーズ社（温室設計、設置、建設、アフターサービス）

・デモクエカライ（民間の農業試験場：栽培技術や施設園芸関係機器の試験展示場）http://www.demokwekerij.nl/

・ライクズワーン トマトトライアルセンター

（種苗会社、トマト・パプリカ等の品種開発）http://www.rijkzwaan.com/

・デルフィー社（園芸コンサルタント会社）

以前はGreenQ。http://delphy.nl/

・ファルスター社（野菜や果実の流通会社）

・オニングス社（ユリ球根の輸出会社）http://www.onings.com/

・プリバ社（環境制御機器等メーカ、トミタテクノロジーが日本代理店）

http://www.priva.nl/

基礎研究を行う大学および種苗会社、応用的な研究・開発を行う機関、仕様検討を行う民間農業試験場、農業技術コンサルティング会社、設計・施工を行う環境機器制御メーカや温室メーカや設備・部品メーカ、実際に農業ビジネスを行う農業法人と、一連の流れを担う機関が一体となって、オランダの農業を成立させている（図6）。

3. オランダと日本の農業―生産性、輸出という視点から

オランダのトマト栽培（露地栽培、施設栽培含む）は、単収が日本の約8倍と

図6　訪問企業の位置づけ

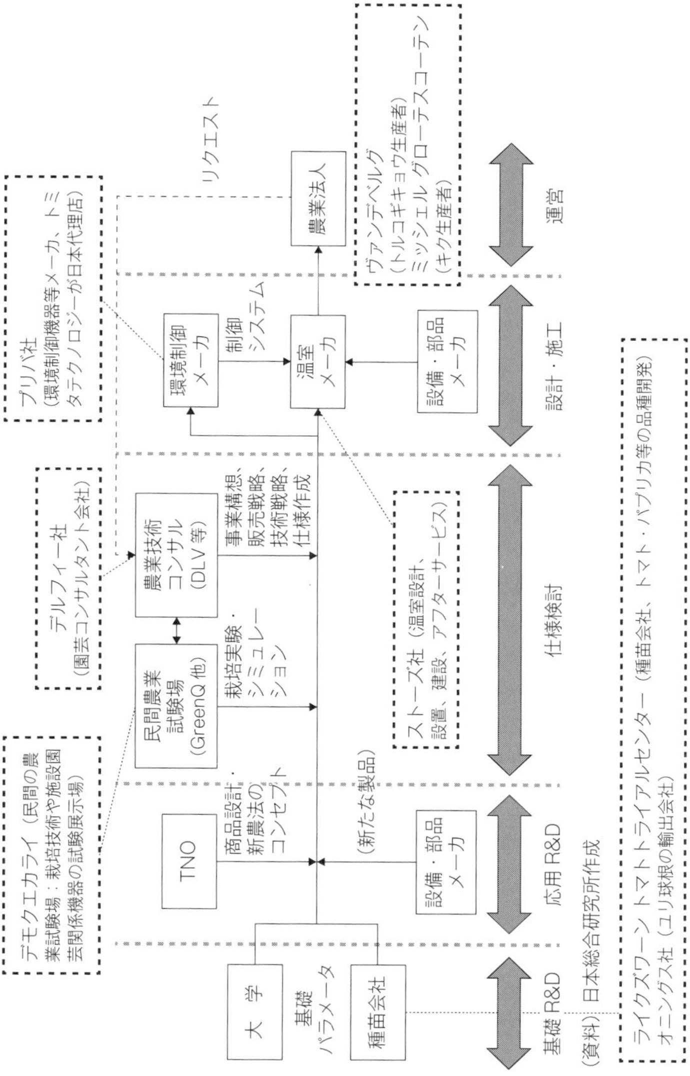

（資料）日本総合研究所作成

出所：三輪泰史（2014）を基に訪問企業を著者位置づけ。

なっている[70]。背景には、露地栽培より単収の高い施設栽培の割合が高いこと、施設栽培における単収が他国よりも高いこと、の2点が挙げられる。

農林水産省資料「農林水産物・食品の輸出の現状」にて、世界の農産物の輸出上位国をみてみると、1位は米国、2位にオランダとなっており、ここでもオランダの優位性がわかる[71]。

オランダと日本の農業条件を比較すると、オランダは、国土面積：415万ヘクタール、人口：1,667万人、農地面積：186万ヘクタール（国土面積の約45%）、農家一戸当たり農地面積：25.9ヘクタール／戸、穀物自給率：14%に対し、日本は、国土面積：3,780万ヘクタール、人口：1億2,732万人、農地面積：455万ヘクタール（国土面積の約12%）、農家一戸当たり農地面積：2.8ヘクタール／戸、穀物自給率：28%である。また、オランダの農産物の輸出入の特徴は次の通りである[72]。

・オランダの農産物輸出額は866億ドルで世界第2位。
（第1位は米国1,449億ドル）。
・輸出の8割は隣接したEU加盟国へ。関税が無く、検疫上の制約も小さい。
・輸出品目では、花卉類、チーズ、タバコ等が上位。
・一方で、加工貿易や中継貿易が盛ん。農産物の輸入も輸出額の約3分の2に相当する額（568億ドル）に上っている。
オランダからの農産物輸出が多い背景は次の通りである[73]。
・欧州の中央部に位置し、ロッテルダム港等の良港を有しているため、加工貿易や中継貿易を行うのに有利。
・1戸当たり経営面積がフランスやドイツに比べて小さいため、花卉・野

70　三輪泰史（2014）「オランダ農業の競争力強化戦略を踏まえた日本農業の活性化策」『JRIレビュー』第5巻第15号，106-118頁。
71　農林水産省（2016）『農林水産物・食品の輸出の現状』。
72　農林水産省（2016）『農林水産物・食品の輸出の現状』。
73　農林水産省（2016）『農林水産物・食品の輸出の現状』。

菜のような集約型の品目を生産し輸出に集中。穀物等は周辺諸国からの輸入に依存（穀物の自給率は14%）。

・産学官の連携等によりイノベーションを推進し、集約型の品目の生産の効率向上を図っている（ビジネスニーズに合わせた研究を実施）。

4. オランダ農業の優位性の背景

オランダ農業の優位性の背景については今までにおいても調査・分析が行われている[74]。ここでは、戦略マップの概念を利用して、現場で得た情報をもとにオランダ農業の強みを明らかにする[75]。

(1) 戦略マップとは

1992年、Harvard Business SchoolのRobert S. Kaplan教授と、当時Nolan Norton InstituteのCEOであったDavid P. Nortonとの共著によって、バランスト・スコアカード（Balanced Scorecard：以下BSCあるいは戦略マップ）に関する論文が、Harvard Business Review誌において公表された。

戦略マップにより、四つの視点つまり、①財務的業績の向上のために、株主に対してどのように行動すべきかを示す「財務の視点」、②戦略を達成するために、顧客に対してどのように行動すべきかを示す「顧客の視点」、③株主と顧客を満足させるために、どのような内部ビジネスプロセスに秀でることが求められているかを示す「内部ビジネス・プロセスの視点」、④戦略を達成する

74　例えば、三輪泰史（2015a）「オランダ農業に学ぶ 資金力や経営ノウハウ不可欠 日本型の追求で勝てる産業に」『日経エコロジー』第187巻，34-36頁、高倉直（2008a）「オランダ施設園芸の長期戦略（1）施設園芸展を中心に」『農業および園芸』第83巻第10号，1049-1055頁、高倉直（2008b）「オランダ施設園芸の長期戦略（2）完全閉鎖型温室を中心にして」『農業および園芸』第83巻第11号，1151-1156頁、高倉直（2008c）「オランダ施設園芸の長期戦略（3）収量100kg/㎡をめざして」『農業および園芸』第83巻第12号，1253-1256頁、など。

75　櫻井通晴監訳、キャプラン，ロバート・S、ノートン，デビッド・P著（2001）『キャプランとノートンの戦略バランスト・スコアカード』東洋経済新報社。

ために、どのようにして変化と改善のできる能力や環境を維持するかという「学習と成長の視点」から、企業の戦略を表現することができる。詳細は、第2プロセス「課題の認識・方向づけ」（第4章第4節参照）の中にて述べる。ここでは、オランダ農業を支えている要因を、顧客の視点、内部ビジネス・プロセスの視点、学習と成長の視点、から分析した。

(2) オランダ農業の戦略マップの視点からの分析

オランダが世界有数の農産物輸出国となった成功要因を分析すると次のようになる（図7）。

顧客は、主にEU諸国であり、高品質な農産物をリーズナブルな価格で提供し、新鮮で安全な農産物を食べたいという市場ニーズに対応している。

顧客のニーズを満たすために、次のようなことに取組んでいる。農産物については、国土の狭さに規定され輸出を前提とした資本集約型の高収益作物の生産に特化し、高価格で販売することよりも生産コストの削減に努めている。生産コストの削減のために、①農産物の規格化、②作業の標準化、③人手による作業の機械化を図り、賃金の安い非熟練労働者の活用を実現している。さらに、④農業経営の大規模化による機械稼働率の向上、つまり規模の経済による生産性の向上、⑤単位面積当たりの高収量化のために高収量品種の育種や多収技術の開発、⑥施設園芸等の高収益部門への特化、⑦狭い国土に優れたロジスティクス設備と世界および欧州各国へのアクセスの良さの活用、⑧パッケージ化された高度な設備やシステムと農業コンサルティング企業による技術サービスに取組んでいる。

これらを支えているのが、高度な施設園芸であり、環境制御システムは製造業と同レベルの高度な生産管理システムとなっている。①温度、湿度、光量、CO_2濃度、風速等で、数多くのセンサーから得られるデータを解析し空調やポンプ等の統合的な自動制御、②植物の生殖成長に直接影響を与える複合的な指標を設定する非線形制御など、高度な統合制御、③気象データと連動したプレコントロール等々を実現している。

図7　オランダ農業の戦略マップ

農業の先進国

⇕

【顧客の視点】
・主な顧客はEU各国・品質の良い農産物を適切な価格で提供
・新鮮で安全な農産物に対する顧客ニーズに応える

⇕

【内部ビジネスプロセスの視点】
・EU諸国へのアクセスのよい立地
・狭い国土という制約から資本を集約し収益率の高い農産物を生産し輸出
・生産コストの削減努力
①農産物の規格化、②作業の標準化、③非熟練労働者の活用のためにも機械化
・大規模な農業経営⇒生産性の向上
・単位面積当たりの収量化を高める⇒育種や技術の開発推進
・施設園芸等の高収益なビジネスに特化
・優れたロジスティクス設備
・高度な設備、システムと農業コンサルティング企業による技術サービスの一体化

⇧

・高度な施設園芸（高度な生産管理システム、環境制御システム）
①温度、湿度、光量、CO_2濃度等さまざまなセンサーから得られるデータに基づいて空調や環境を自動制御
②複合的な指標を設定する非線形制御など高度な制御で植物の成長をコントロール
③時々刻々変化する気象データと連動したコントロール　等々

⇕

【学習と成長の視点】
・高い経営能力を保有した農業法人
・相互にノウハウ等を交換する伝統（オランダでは「ポルダー・モデル」）により農業従事者が情報の共有
・国、大学などの研究機関、民間企業の3者が連携（ゴールデントライアングルと呼ばれる）
・オランダ国内には多種多様な農業関連企業が立地しクラスターを形成
・施設や制御システムに精通した農業コンサルティング企業と制御システムメーカが連携
・民営のTNO（オランダ応用科学研究機構）を設置。研究成果の一般企業への紹介、マッチング等の役割を担う
・農業のコンサルティングに対して適切な対価が支払われるビジネス環境

出所：筆者作成。

オランダ農業の強みを継続させるために、さまざまな取組みが行われている。①経営感覚に富んだ農業法人の育成、②「ポルダー・モデル」という相互に協力する伝統が根付いており農業者等による情報の共有等での協働、③ゴールデントライアングル（golden triangle）と呼ばれる国（政府）、研究機関（大学）、民間企業の3者が連携したR&D、④競争力のある品目に特化した研究開発・生産、技術力、技術開発政策、生産者のサポート体制の確立、⑤施設や制御システムに精通した農業コンサルティング企業と制御システムメーカの連携も含めて、多種多様な農業関連企業が立地しクラスターを形成、⑥民営のTNO（オランダ応用科学研究機構）を設置。TNOは大学の研究成果の民間企業への紹介、官民のマッチング、共同研究コンソーシアムの組成等の役割を担い、実事業に近い研究開発も実施、⑦農業のノウハウに対して適切な対価が支払われる市場を形成、などが行われている。

一方、日本をみると、地域によっては、たとえば高知県のようにオランダの先進的な農業技術の普及に力を注いでいるところもある。しかしながら、資本集約型の高収益作物の生産への特化、農業経営の大規模化、レベルの高い農業コンサルティング、農業の環境制御の高度化等々、まだまだ改善する余地を残しているのが現状である。

第４章　研究対象とその分析枠組み、理論的背景

本章では、研究の対象と企業化の分析フレームワークを提案する。第３章でのオランダ農業の調査・分析も踏まえ、オランダ農業の象徴ともいうべき環境制御システムのみならず製造業の中に包含されている技術・ノウハウを、つまり第２章で力説した日本の製造業の知見を広く農業に組込んでいくために全体を俯瞰するアプローチ法についても、提案する。

1. 研究対象

(1) 対象企業

企業化を検討している、あるいは企業化し成長をめざして農業経営にあたっている組織体を研究の対象とする。

ここでいう「農業経営」とは、内山[76]の農業における企業経営の説明である「利潤を獲得することを目標にして多数の労働者を雇用して商品たる農畜産物を生産する単位組織体」とする。また、日本大百科全書（ニッポニカ）『農業経営』の項「統一した意思（経営主体・経営者）が、一定の目的をもって土地、労働力、資本などの要素を結合し、農産物の生産・処分を行う継続的な組織体を農業経営という」も同一のことと考える[77]。必ずしも大企業を意識したものではない。

「企業化」については両角[78]の採用している「企業的農業経営は、従来の一

76　内山智裕（2011）「農業における「企業経営」と「家族経営」の特質と役割」『農業経営研究』第48巻第4号，36-45頁。

77　小学館（2017a）『デジタル版 日本大百科全書（ニッポニカ）』https://kotobank.jp/dictionary/.（最終閲覧は2019年11月7日）

般的な家族農業経営とは異なり、国民・消費者が求める需要に対し、合理化や多角化等を通じてより質の高い財やサービスを生産し供給することが期待される新たな経営形態である」。より具体的にいうならば、政府が一定条件を満たす農家について法人化（企業化）を積極的に勧める施策をとっていることから、「法人化」をめざす、あるいは法人化し成長をめざして農業経営にあたっている組織体とする。

(2) 農業分野

農業といっても幅があり、日本標準産業分類（平成25年10月改定、平成26年4月1日施行）の中分類「01 農業」では耕種農業、畜産農業、農業サービス業、園芸サービス業に分類されている[79]が、本研究の対象としては、「011 耕種農業」（米作農業、野菜作農業、花卉作農業他）を想定する。

2. 提案する分析枠組みと新規性

第1プロセス「実態の認識・分析」では、概念データモデルの事業領域と使命、静的モデル、動的モデルの考え方をもとに、第2プロセス「課題の認識・方向づけ」では概念データモデルと戦略マップの考え方を、第3プロセス「戦略の評価」では品質機能展開（QFD）の考え方を、統合することによって新たな分析枠組みを提案している。さらに、製造業の知見を農業へ反映させるアプローチを示唆するものとして、動的モデルと写像の考え方をもとにして第4プロセス「製造業の知見を農業へ生かすための全体俯瞰」を提案している。

---

78 両角政彦（2016）「企業的農業経営の発展過程と存立基盤：花き園芸経営体の事例」『都留文科大学研究紀要』第84集，37-57頁。

79 総務省（2013）『日本標準産業分類（平成25年10月改定、平成26年4月1日施行）』http://www.soumu.go.jp/toukei_toukatsu/index/seido/sangyo/02toukatsu01_03000044.html（最終閲覧は2019年11月7日）

分析枠組みの新規性は以下にある。

① 従来、情報システムの構想検討に活用されている概念データモデル設計法（CDM）を採用することで、事業領域と使命、静的モデル、動的モデルというステップを経ることにより、農業ビジネスを対象にビジネスの大局観を「事業領域と使命」で確認後、「静的」さらに「動的」という両側面から分析するということを可能にしている[80]。

② 上記①による分析内容を大局観もって見通すことを目的に、バランスト・スコアカードの戦略マップ[81]の考え方を生かしている。つまり、「事業領域と使命」「静的モデル」および「動的モデル」の検討結果を受け、

図8　提案する分析の全体枠組み

第1プロセス　実態の認識・分析

　概念データモデル設計法（CDM）の分析視点の援用

　　①-1 事業領域と使命

　　①-2 静的モデル

　　①-3 動的モデル

　　　⇓

第2プロセス　課題の認識・方向づけ

バランス・スコアカード（戦略マップ）の分析視点の援用

　　②-1 戦略マップ

　　　⇓

第3プロセス　戦略の評価

　品質機能展開（QFD）の分析視点の援用

　　　⇓

第4プロセス　製造業の知見を農業へ生かすための全体俯瞰

　動的モデルと写像の考え方の提案

出所：筆者作成

80 手島歩三（2008）「概念データモデル設計者心得」『経営情報学会 全国研究発表大会要旨集』2008f, 63頁、および手島歩三編著（2011）『働く人の心をつなぐ情報技術—概念データモデルの設計』白桃書房。

81 櫻井通晴監訳、キャプラン，ロバート・S、ノートン，デビッド・P著（2001）『キャプランとノートンの戦略バランスト・スコアカード』東洋経済新報社。

抽出されている戦略項目案を戦略マップによって大局観をもって企業目標との関係を論理的に関係づけて把握できるようにしている。

③ 上記②まででは、農業ビジネスとしての戦略項目案の重要性を評価することができないため、そこで主に製造業にて顧客に満足が得られる設計品質を設定し、その設計の意図を製造工程までに展開することを目的とした品質機能展開（QFD）[82]の考え方をもとに取組みを評価する工夫をしている。品質機能展開（QFD）は1978年に水野滋、赤尾洋二氏により体系化されたものである。つまり、戦略マップで捉えた戦略項目案をさらに具体化し、それぞれの重要度を明確にするためである。

④ 「製造業の知見を農業へ生かすための全体俯瞰」では、概念データモデル設計法の動的モデルに写し取った製造業と農業の二つのモデル間に写像という概念を提案している。これにより、知見の反映可能性を全体俯瞰するアプローチ案を示している。

以降、具体的に述べる。

3. 第1プロセス「実態の認識・分析」

(1) 概念データモデルとその効用[83]

概念データモデルを設計（記述）する目的は、ビジネスの仕組み（「ビジネス・アーキテクチャ」）を捉えることにあり、システム開発では記述した概念データモデルに基づいて、「アプリケーション体系」を導き出し、さらにそれらのアプリケーションに相応しい「情報基盤構想」を作成することになる。その効用には、①ビジネスの全体像を捉えられる、②ビジネス組織に必要な情報が明確になる（情報システムの骨格を導き出す）、③ビジネスの変化に対応でき

82 赤尾洋二（1993）『品質展開入門』日科技連出版社。

83 手島歩三編著（2011）『働く人の心をつなぐ情報技術―概念データモデルの設計』白桃書房。

る情報システムを作ることができる、がある。

概念データモデルの本来の目的は、ビジネスを支援する情報システム、すなわち、ビジネス情報システムの構想を描くことであるが、効用の①ビジネスの全体像を捉えることができるという点で、本書ではその考え方に新たな視点・工夫を入れることで分析枠組みを提案している[84]。

(2) 概念データモデルの考え方、流れ

概念データモデルの設計手順は図9の通りである。概念データモデル設計法では、ビジネスの対象世界を四つの見方で図式化する。

図9　概念データモデル設計の典型的手順

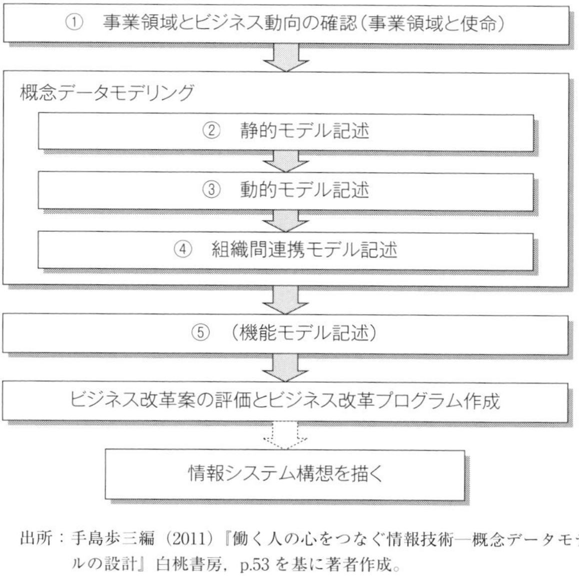

出所：手島歩三編（2011）『働く人の心をつなぐ情報技術—概念データモデルの設計』白桃書房，p.53を基に著者作成。

84　手島歩三編著（2011）『働く人の心をつなぐ情報技術—概念データモデルの設計』白桃書房。

① ビジネスを組織として捉える「事業領域と使命」

対象のビジネスがどんなものであるのか、どんなことが求められているのかなどを確認する。ビジネス全体を俯瞰することができる。

② ビジネスの対象世界の構造を捉える「静的モデル」

ビジネスの対象世界に存在する「もの」の種類と、それらの間の関連を捉える。これによって実世界の構造（構成要素と関係）が明らかになる。

③ 関心の対象物の振る舞いを捉える「動的モデル」

実世界に存在する「もの」がビジネス活動によって、どのように状態変化するのか、過程を明らかにする。

④ 組織間連携の仕組みを捉える「組織間連携モデル」

ビジネスに関与する人たちがそれぞれどのように責任を分担してビジネス活動を行い「もの」に働きかけるのか、業務連携の姿を明らかにする。

⑤ 業務機能の連鎖を記述する「機能モデル」

ビジネス活動のパターンである「機能」とそれらがどのようにつながりあうのか、「もの」や情報の入出力の観点で連鎖する姿を明らかにする。

図 10　事業領域と使命

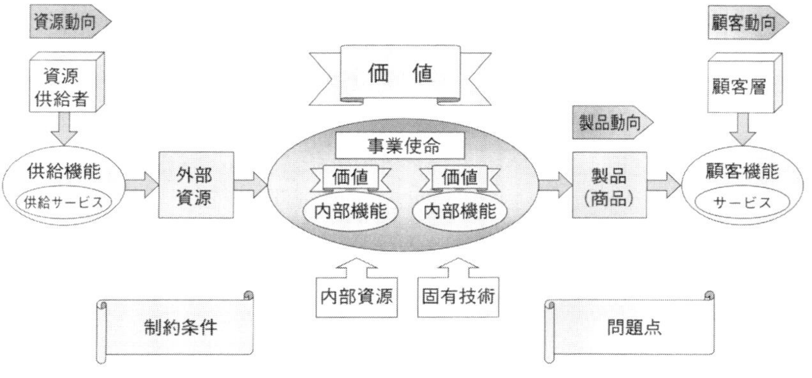

出所：手島歩三編（2011）『働く人の心をつなぐ情報技術―概念データモデルの設計』白桃書房，p.55。

これ以降のビジネス改革の評価とビジネス改革のプログラム作成につながることになる。

本書では、①事業領域と使命、②静的モデル、③動的モデルの基本的な考え方を踏まえており、以下に説明する。

①事業領域と使命

「事業領域と使命」の枠組みを図 10 に示す。顧客層と製品／サービスおよび、外部資源と資源供給者を検討することを通して「事業領域」を確認することができる。「事業領域」は組織がビジネスを展開する社会環境である。ビジネス組織は、社会環境の中でしかるべき役割すなわち「事業使命」を獲得する必要があり、役割の獲得に失敗した組織は市場から撤退せざるを得ない。ビジネス環境の中で事業がどんな位置づけにあり、他者とどう関わりあっているのかを明らかにし、事業がどんな具合に営まれているかを俯瞰しようとするものである。

中央の楕円形が事業を表しており、何らかの「製品（商品）」を生み出して「顧客層」に提供している。そして、事業を行うために外部の「資源供給者」から何らかの「外部資源」を受け入れている。こうした姿を表すことによって事業領域が明らかにされる。さらに、顧客、製品（商品）、外部資源、資源供給者等の「動向」を議論する。

事業内部には競争優位の源泉である「固有技術」や「内部資源」があり、それらを駆使しながら活動する「内部機能」を持っている。この事業が社会環境の中で果たすべき役割の表明が「事業使命」である。

そして、この事業が生み出すべき「価値」（付加価値、期待効果）は何であるか、その「価値」を生むためには各内部機能がどんな「価値」を満たさなければならないかを明らかにし、さらに現在抱えている「問題点」（外部に及ぼしている迷惑）は何か、抵触してはならない「制約条件」は何かを明らかにする。

分析する主な内容は次の通りである[85]。

◆顧客層と顧客機能

・顧客層

顧客がいなければビジネスは成り立たない。日常・表面的に組織が接触する顧客のほかに、ビジネスに影響を及ぼすさまざまな顧客がいる。

・顧客機能

顧客は何らかの活動を行う。その活動を「顧客機能」として捉える。顧客機能に対して組織は製品やサービスを提供し、それが顧客機能に貢献するとき、顧客との間で取引が成立する。

・製品あるいはサービス

製品は顧客機能に対して何らかのサービスを提供するものである。自社製品だけでは必ずしも十分なサービスを提供できず、他組織が提供する製品やサービスを組みあわせて、はじめて自社の製品やサービスが有効に作用するケースが多数ある。

・ビジネス動向

顧客、顧客機能、他社製品とサービスなどについて動向を把握・検討する。

・制約条件

内部の仕組み（内部価値連鎖、設備・装置など）を考案・設置する上で、法的に禁止されている事柄、経営方針などである。

◆固有技術と内部資源

・固有技術

組織が寄って立つ、競争優位の源泉となる技術は何かを明らかにする。固有技術を生かすために、組織は事業を行う。ただし、事業の手段としての技術であれば、外部の力を借りることも可能。

・内部資源

固有技術はしばしば設備／機械やソフトウェアに形を変えている。さらに、それらを駆使する技術が蓄積されている。

85　手島歩三編著（2011）『働く人の心をつなぐ情報技術―概念データモデルの設計』白桃書房。

・技術動向

事業の将来像を描くために、技術動向を把握する。

・従業員

固有技術を理解し、設備機械類を駆使するのは従業員である。技術の多くは必ずしも完全には文書化されず、むしろ暗黙知となっている。従業員は組織にとって貴重な資産である。従業員が能力を発揮できる組織であれば、組織そのものが資産であると考えられる。

◆外部資源とその供給者

・外部資源

組織は事業を行うために外部の資源を何らかの方法で調達し、利用している。

・資源供給者

外部資源を所有する人や組織、社会などと、その資源を調達して供給する外部組織が資源供給者である。

◆資源供給サービス

資源だけでなく、資源にまつわるサービスも併せて受けている場合がある。品質保証等、納期保証も重要なサービスである。

・資源と資源供給者の動向

科学技術が急速に発達する現在、専門分野の多様化・細分化と高度化が進んでいる。ある分野の技術が特定のビジネスに役立つ期間は短くなる傾向があり、組織内ですべての専門技術者を養成することは至難である。組織は購買や外注の形で外部の力を借り、企業ネットワーク（サプライチェーン）を形成してビジネスを遂行している。企業ネットワークの中で組織が占める役割と位置づけを確認し、その変化動向に適切に対応することが求められている。

◆価値連鎖と機能

・付加価値

外部から得る資源とサービスが持つ価値と、顧客に提供する製品とサービスが持つ価値を比較し、後者のほうが大きいとき組織は新しい価値を生み出

図 11 「静的モデル」の枠組み[86]

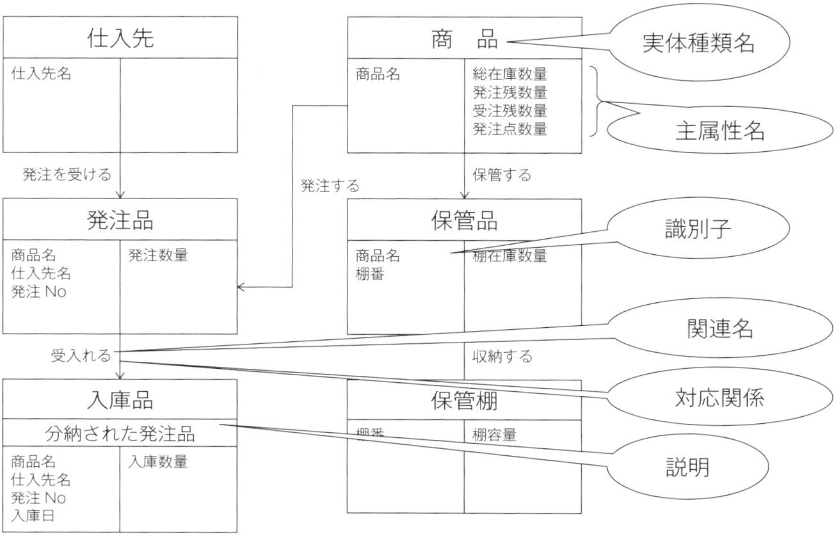

出所：技術データ管理支援協会・手島歩三（2008）「概念データモデル設計法解説」12 頁から引用。

している。

・外部価値連鎖と組織機能

企業ネットワークによりビジネスを遂行するとき、組織は取引先や顧客が生み出す価値の連鎖の中で、しかるべき価値を生み出していなければならない。競争相手がいるとき、付加価値が大きい方が社会環境により貢献し競争優位性を獲得できる。そのような価値の連鎖を「外部価値連鎖」と呼ぶ。

◆機能

価値を生み出すために組織は何らかの活動を行う。それらの活動を総合して、「機能」を果していると考えられる。

◆内部機能

組織内部の部門は組織全体の機能の一部分を分担している。内部機能はつ

86　手島歩三編著（2011）『働く人の心をつなぐ情報技術—概念データモデルの設計』白桃書房。

ながり、総合すると組織全体の機能が全うされる。

・内部価値連鎖

組織を構成するどの部門も何らかの機能を果し、何らかの価値を生み出さなければならない。内部価値連鎖を適正に設定・変更し、外部価値連鎖を強化することが望まれる。

②静的モデル

「静的モデル」の枠組みを示す。実世界を構成する要素としてどのような種類の「もの」があるか、それらの「もの」たちの間にどのような関係があるかを明確化する。

ビジネスに用いられるデータの源泉は「もの」、実世界の成分を捉えること。実世界は人、物、金などの「もの」からなっていると考えられる。実世界を構成する要素としてどのような種類の「もの」があるか、それらの「もの」たち間にどのような関係があるか、検討する。

本書では、実体種類名と関連名を用いて対象の農業ビジネスを分析している。

◆実体種類

・実体種類名

実世界に存在する「もの」を私たちは「言葉」によって表現する。多くの場合、「もの」の種類に対応して「言葉」が存在する。それを「実体種類名」とする。

・主属性名

同種の「もの」は同じ種類の性質を持っている。それを主属性名とする。ビジネスでは複数種類の属性に関心を持つ。

・識別子

同じ種類に属する「もの」を一つ一つ見分ける（識別する）ために名前や番号を与える。多くの場合、主要な属性値によって「もの」を識別する。識別子は、「もの」を捉える「粒度」すなわち「管理精度」を表すものであり、

図12 「動的モデル」の枠組み[87]

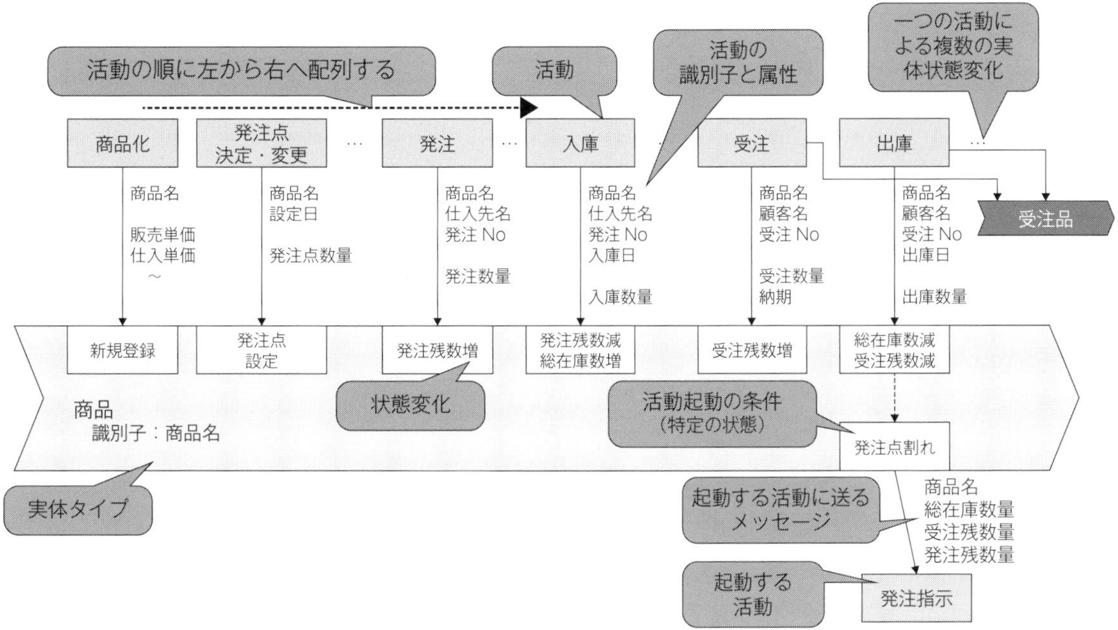

出所：技術データ管理支援協会・手島歩三（2008）「概念データモデル設計法解説」19頁から引用。

ビジネスの仕組みに深く関わっている。

◆関連種類

・関連名

ビジネス活動によって関心の対象物の間に、何らかの関係が生じる。それを「関連」と称する。同じ理由によって生じた「関連」に「関連名」を付ける。多くの場合、「関係を生じさせる活動」を関連名とすることになる。

・対応関係

関連の複雑性を表現する。1対1対応、1対多数対応、多数対多数対応がある。厳密に議論する必要はない。

③動的モデル

「動的モデル」の枠組みを図12に示す。ビジネスに関わる「もの」がどのような「ビジネス活動」によって状態が変化するか、一連の「活動の種類」と順序規則を明確化する。「ビジネス活動」によって「もの」の状態が変化するとき、その事実をデータ（属性値）として採取する。そのデータを集めて、「もの」に関する帳簿やデータベースを作成する。「欲しいデータ」を設計するのでなく、「ビジネス活動の事実を把握するデータ」を設計することが肝要である。

本書では、実体、活動、状態変化、起動する活動を用いて対象の農業ビジネスを分析している。

◆実体の状態変化過程

・実体変化過程図

ビジネスの関心の対象世界に「もの」が出現し、状態が変化し、消え去るまでの、一連の活動を図示する（図12）。通常のビジネスでは、計画的に行動する。したがって、ある「もの」について計画を立てたとき、関心の対象

87　手島歩三編著（2011）『働く人の心をつなぐ情報技術—概念データモデルの設計』白桃書房、および、技術データ管理支援協会・手島歩三（2008）「概念データモデル設計法解説」12頁。

世界にその「もの」が出現すると考えられる。ある「もの」について、組織が責任を持つべき活動をすべて終了したとき、その「もの」が関心の対象世界から消え去ると考えられる。

・活動の順序規則

「もの」を出現させ、状態変化させ、消滅させる一連の活動を、左から右に順に列挙する。幾つかの活動に関して順不同（どちらが先でもよい）、選択（行われない場合がある）、反復（繰返し）、など複雑な順序関係を持っている場合がある。その順序規則を「実体変化過程図」で完全に記述することはできない。概念データモデル設計段階では、およそ妥当と思える程度に順序づけする。

◆活動と状態変化および活動の起動

・活動

ビジネス活動は「もの」の状態を変化させ、その変化内容をデータとして採取し、「もの」に関するデータベースを更新する。

・活動属性

活動により「もの」の状態が変化したとき、それを活動属性として観察・採取する。実際には「もの」の属性値が大半を占める。活動そのものに関する属性値もある。

・活動「識別子」

活動を見分ける「識別子」を明らかにする。トレースするために必須である。

・「実体」の状態に基づく「活動」の起動

「もの」がある状態に達したとき、何らかの活動を起動させたい場合があるときは、活動を起動する条件を明記する。

・一つの「活動」による複数の実体の状態変化

複数の実体の状態を変化させる活動が少なくない。その場合は、活動のそばに変化する実体名を表記し、あとでその実体の動的モデルを描くとき、その活動を正確に位置づける。

(3) 概念データモデルの理論的背景

①エーベルの「事業の定義」の観点

エーベルの事業の定義について、石井[88]は次のように解説している。エーベルは、事業の定義の問題を理論的に定式化しようとした最初の研究者である。エーベルは、製品と市場にはそれぞれ二つの次元があるのではないかと考えた。製品には、技術とそれがはたす機能の二つの次元が意味されている。一方、市場にも、製品を購買する顧客層という次元と製品が顧客のためにはたす機能（以下、顧客機能）の次元の二つの次元がふくまれている。顧客機能と製品機能とは結局同じことであるから、製品・市場という2次元枠組よりむしろ3次元枠組である、技術、製品（あるいは顧客）機能、顧客層の方が、事業定義を考えるのによい枠組なのではないかと、エーベルは指摘する。つまり、「ある顧客層に対するある機能充足のためのある技術の応用」という形式で、事業の定義を考えるべきだというのである。この結果、事業の定義は、技術・製品（あるいは顧客）機能・顧客層の3次元空間で定式化されることになる[89]。

概念データモデル設計法の「事業領域と使命」の枠組みを示す。コアコンピタンスとして固有技術・内部資源、顧客機能、顧客層を包含しており、エーベル「事業の定義」の理論に基づいているといえる。

エーベルの「事業の定義」のでてきた背景は次の通りである。プロダクト・ポートフォリオ・マネジメント（PPM）にて、企業を問題児、花形商品、金のなる木、負け犬と役割を割り当てることが、詳細な機能分野別の計画策定や予算化の重要な前提であると広く見なされるようになってきた頃、目的に明示的に注目するだけでは、中途半端である。事業戦略策定は、目的と事業定義の両方を明示的に扱わなければならないとエーベルが気づいたことが発端とのこと

88　石井淳蔵（1983）「戦略計画の出発点としての事業定義」『同志社商学』第34巻第5号，605-627頁。

89　エーベル，デレク・F著、石井淳蔵訳（2012）『「新訳」事業の定義―戦略計画策定の出発点』碩学舎、Abell, Derek F.（1980）*Defining the Business: The Starting Point of Strategic Planning,* Prentice-Hall Inc.

である。

②要求獲得技法の観点

大西淳ら[90]によれば、要求工学において要求獲得技法の違いを、その適用という観点から特徴づけるためには、下記の「要求獲得操作性の特性」と「対象領域の特性」の二つの特性について考える必要があるという。

概念データモデルの手法は「静的」・「閉じている」という次元に位置づけられるであろう。

◆要求獲得操作性の特性

プロセスの中で静的な構造と動的な振舞いの、いずれに焦点を当てているか。

・静的

要求は、静的な構造として捉えた問題領域から、構造的あるいは体系的な方法で収集され、整理される。一般に、このタイプの技法は、対象を分解／合成、あるいは、分類／集約するための規則やガイドラインを持つ。

・動的

要求は、動的な文脈に焦点を当てた問題領域から、創造的かつ非手法的な方法で収集される。このタイプの技法は、問題領域を動的な文脈で扱うのに適す。多くのステークホルダーや分析者の想像力によって、列挙されたり生成されたりする。

◆対象領域の特性

・閉じている

既知の安定した領域は、基本的に構造化が可能であり、形式論的に多様な型に整理することができる。主として、対象の形式や構文に着目することにより理解することが可能。

・開いている

90　大西淳監修、妻木俊彦、白銀純子著（2000）『要求工学概論：要求工学の基本概念から応用まで』近代科学社。

不安定で未知の領域を探索するには、対象の意味を詳細に検討しなければならない。

③企業モデル化の観点

松本[91]によれば、企業モデル化技術研究は、1992年頃からビジネスプロセス改革や企業統合、IT化とともに国際学会の場でとりあげられることになった。企業モデル化を支える概念としては、企業そのものの形態を捉えた企業形態論、企業はモジュールとしてのいくつかの要素モデルよりなるという企業モデル論、企業は価値モデル・情報モデル・プロセスモデル他から成り立つという構成要素モデル論がある。

概念データモデルでは、企業を「事業領域と使命」「静的モデル」「動的モデル」「組織間連携モデル」および「機能モデル」という複数の構成要素で把握しており、構成要素モデル論の一つと考える。

本研究では、ビジネスを価値連鎖として捉える「事業領域と使命」、主要な「もの」とその関係を明確にする「静的モデル」、主要な「もの」と「こと」との関係を捉える「動的モデル」に着目している。

(4) 第1プロセスにおける概念データモデルの援用

「事業領域と使命」において、事業領域の確認、事業におけるインプット、アウトプット、コアコンピタンス等を明確化する。ビジネス環境の中で事業がどんな位置づけにあり他者とどう関わりあっているのかを明らかにし、事業がどのように営まれているかを俯瞰しようとするものである。本書では、対象の農業ビジネスの事業領域、事業におけるインプット、アウトプット、コアコンピタンス等を分析している。

91　松本正雄（2010a）「エンタプライズモデル基礎論（その1）」『電子情報通信学会技術研究報告 Swim ソフトウェアインタプライズモデリング』第109巻第430号，33-38頁、松本正雄（2010b）「エンタプライズモデル基礎論（その2）」『電子情報通信学会技術研究報告 Swim ソフトウェアインタプライズモデリング』第110巻第70号，13-22頁。

「静的モデル」においては、実世界を構成する要素としてどのような種類の「もの」があるか、それらの「もの」たちの間にどのような関係があるかの明確化する。「静的モデル」の枠組みを示す。本書では、実体種類名（例：商品ビオラ、育種ノウハウ等）と関連名（例：植付、育種ノウハウを提供等）を用いて対象の農業ビジネスを分析している。

「動的モデル」において、ビジネスに関わる「もの」がどのような「ビジネス活動」によって状態が変化するか、一連の「活動の種類」と順序規則を明確化する。「動的モデル」の枠組みを図12に示す。「ビジネス活動」によって「もの」の状態が変化するとき、その事実をデータ（属性値）として把握する。本書では、実体（例：商品ビオラ）、活動（例：栽培計画、種まき）、状態変化（例：栽培計画の登録、種まきの実施結果）、起動する活動（例：出荷時の運送指示）を用いて対象の農業ビジネスを分析している。これらにより、農業ビジネスの実態を認識している。

4. 第2プロセス「課題の認識・方向づけ」

まず戦略マップについて説明し、次に上記の第1プロセス「実態の認識・分析」で得られた知見から、戦略マップを導出する考え方を提示する。

(1) 戦略マップ（バランスト・スコアカード）とは[92]

バランスト・スコアカードとは、ロバート・キャプランとデビッド・ノートンにより1992年に発表された四つの視点で企業の経営を評価、企業の戦略を表現することができる枠組みである。四つの視点として下記に示した。

92 エーベル，デレク・F著、石井淳蔵訳（2012）『「新訳」事業の定義—戦略計画策定の出発点』碩学舎、Abell, Derek F.（1980）*Defining the Business: The Starting Point of Strategic Planning,* Prentice-Hall Inc.

・財務の視点

財務的業績の向上のために、株主に対してどのように行動すべきかを示す。

・顧客の視点

戦略を達成するために、顧客に対してどのように行動すべきかを示す。

・内部ビジネス・プロセスの視点

株主と顧客を満足させるために、どのような内部ビジネス・プロセスに秀でることが求められているかを示す。

・学習と成長の視点

戦略を達成するために、どのようにして変化と改善のできる能力や環境を維持するかということを示す。

この戦略マップにより、企業の戦略を浮き彫りにすることができる。つまり、事業の使命、財務の視点を達成するために、顧客の視点にて何を重視し、それを実現するために内部ビジネスプロセスにて何に取組むか、それを支えるためにどのような固有技術、内部資源を備えているか、必要があるかなどが見える化されることになる。

(2)「戦略マップ」導出の考え方（図 13）

概念データモデルからの戦略マップ導出の考え方、概念データモデルと戦略マップの各項目との関係を示した。「事業領域と使命」の各要素を中心に静的モデル、動的モデルでの確認も踏まえ、「財務」「顧客」「内部ビジネスプロセス」「学習と成長」のそれぞれ四つの視点、加えて「基本戦略」を導出する。

具体的には、経営としての期待・方針に則って、ビジネスの目標を定める。財務の視点、基本戦略は、経営としての期待・方針なども含め全体確認を通して設定する。

顧客層（顧客がいなければビジネスは成り立たない。日常・表面的に組織が接触する顧客のほかに、ビジネスに影響を及ぼすさまざまな顧客がいる）や顧客の動向、

図 13　概念データモデルからの戦略マップ導出要領

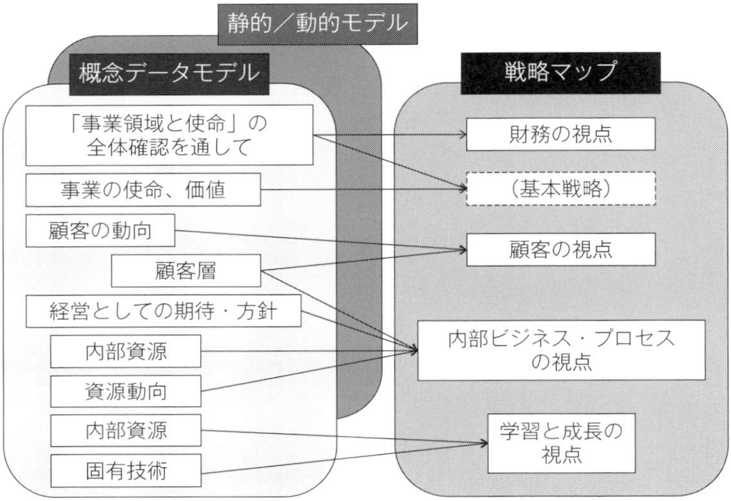

出所：筆者作成。

顧客機能（顧客は何らかの活動を行う。その活動を「顧客機能」として捉える。顧客機能に対して組織は製品やサービスを提供し、それが顧客機能に貢献するとき、顧客との間で取引が成立する）、製品あるいはサービス（製品は顧客機能に対して何らかのサービスを提供するもの）等から、ビジネスの目標を達成するための「顧客の視点」を検討し明らかにする。

経営としての期待・方針、顧客層、内部資源、資源動向等から、ビジネスの目標を達成するための「内部ビジネスプロセス」を検討し明らかにする。

固有技術（組織が寄って立つ、競争優位の源泉となる技術）、内部資源（固有技術はしばしば設備／機械やソフトウェアに形を変えている。さらに、それらを駆使する技術が人間に蓄積されている）等も参考に、ビジネスの目標を達成するための「学習と成長の視点」を検討し明らかにする。

ところで、農業に「広義のものづくり」概念の適用を提唱する藤本[93]は「製

93　藤本隆宏（2012）『ものづくりからの復活：円高・震災に現場は負けない』日本経済新聞出版社。

造業の実力と競争力を「もの造りの組織能力」「裏の競争力（深層のパフォーマンス）」「表の競争力（表層のパフォーマンス）」「収益力」という四つの階層で捉えることが大切である。この四つの分野のパフォーマンスをバランスさせなさいという考えは、戦略マップ（バランスト・スコアカード）にかなり近い」と述べている。

5. 第3プロセス「戦略の評価」

品質機能展開の考え方を踏まえ、戦略（取組み）を評価する考え方を提案する。

(1) 品質機能展開とは

1978年に品質機能展開の考え方が、赤尾洋二と水野滋により提案され、多くの企業、特に製造業で適用されてきた。品質機能展開とは、品質展開と狭義の品質機能展開の総称である。

赤尾[94]は、「品質展開という方法論は、提供する製品の設計段階からの品質保証を目的とした設計的アプローチである。品質展開を進めるには、市場の生の声を言語情報として整理した『要求品質展開表』と呼ばれる表や、製品の品質を評価する尺度となる要素（品質特性）を展開した『品質特性展開表』と称される表、要求品質展開表と品質特性展開表との二元表である『品質表』などの諸表が作成される。そして、これらの諸表を活用して製品開発段階からの品質保証や新製品の開発を目的に品質機能展開が行われる」と説明している。

(2) 品質機能展開の分析視点援用の考え方

戦略マップで設定した「顧客の視点」を「要求品質」に相当するとみなす。戦略マップでは、戦略目標を評価するための具体的なものさしである重要業績

94　赤尾洋二（1993）『品質展開入門』日科技連出版社。

評価指標（KPI: Key Performance Indicators）を設定するが、これを製品の品質を評価する尺度「品質要素」に相当するとみなす。次に、品質機能展開を実施するが、本手法では、いったん仮設定した戦略の優先順位を含む評価ステップに位置づけている。

(3) 提案手順と品質機能展開の手順との対応

「顧客の視点」展開表は要求品質展開表に、業績評価指標は品質要素展開表に、「顧客の視点」業績評価指標展開表は要求品質・品質要素展開表に、具体化戦略展開表は業務機能展開表に対応している。具体的には、「第５章　事例研究」にて説明する。

6. 第４プロセス「製造業の知見を農業へ生かすための全体俯瞰」

農林水産省および経済産業省等において、農業の国際的な競争力を上げるには、世界で優位にある日本の製造業のノウハウを農業に生かすことが必要であると述べている。本書での製造業のノウハウというのは、純粋な技術のみではなく、「日本製造業の強み」（第２章）で述べているように現場重視と現場での改善活動能力、情報化の推進能力など幅広いものを意味している。

(1) 製造業の知見を農業へ生かすための全体俯瞰の重要性

農業を取り巻く環境は厳しさを増し、依然として変わらぬ状況であり、危機感を一層強める農業関係者が増加の一途にある。より一層、収益的な自立自存への対応と農業固有の問題課題を解決しながら戦略的農業経営と価値創造を目指す必要性があり、待ったなしの現状である。

また、「2013 年度 食料・農業・農村白書」[95] では、「『攻めの農林水産業』の展開に当たっては、これまでの農業界の取組みの枠に捉われず、他産業の知識

95　農林水産省（2014）『平成 25 年度 食料・農業・農村白書』
http://www.maff.go.jp/j/wpaper/w_maff/h25/（最終閲覧は 2019 年 11 月 7 日）

やノウハウも活用した新しい発想が必要であることから、これまで以上に農業界と経済界が、農業の生産・流通・経営管理等の各方面で連携した取組みを進めることが重要」と述べている。また、経済産業省は報告書「農業産業化支援について—基本的考え方と方向性—」[96]において、我が国農業が収益を上げながら事業として持続可能な発展を遂げられるようにしていくことが必要となっていると述べ、基本的な考え方を 3 点あげているが、その内の一つとして「農業が国内の産業群と連携しながら共生し、相乗的な発展を実現するよう、製造業の技術や経営改善等のノウハウの導入を抜本的に強化する」こととしている。経団連も「製造業が有する生産工程管理システム等を積極的に取入れ、生産性を向上させていかなければならない」と提言している[97]。農業の国際的な競争力を上げるには、世界で優位にある日本の製造業のノウハウを農業に生かすことがポイントの一つといえる。

その第一歩として、製造業におけるノウハウの農業ビジネスへの応用可能性を、大局観をもって俯瞰する方法を見出すことを狙いに、本アプローチを提案している。

(2) 先行研究

調査した限りでは、本研究と同様な局面からの論文は見当たらない。そこで、同じ方向の研究とはややいい難いが、関連すると思われる論文につきレビューしておきたい。

山口[98]は、農業とリスク、品質管理の工業と農業の比較、農業生産工程管理（GAP: Good Agricultural Practice）等について紹介し、製造業を意識してい

96　経済産業省（2011a）『農業産業化支援について—基本的考え方と方向性—』。

97　日本経済団体連合会（2015）『わが国農業の持続的発展と競争力強化・成長産業化に向けて ～食料・農業・農村基本計画の改訂に望む～』一般社団法人 日本経済団体連合会
http://www.keidanren.or.jp/policy/2015/004.html（最終閲覧は 2019 年 11 月 7 日）

98　山口信次（2009）「農業の生産管理を工業の視点で見ての一考察」『高知工科大学紀要』第 6 巻第 1 号，195-205 頁。

る。GAPとは、「農業生産活動を行う上で必要な関係法令等の内容に則して定められる点検項目に沿って、農業生産活動の各工程の正確な実施、記録、点検および評価を行うことによる持続的な改善活動」のことである。高木他[99]は、農業をイノベーションプロセスという観点から分析することを試みており、DISTモデル（Demand Pull、Instinct Push、Social Pull、Technology）を用いて14事例を検証している。藤井[100]は、IE（Industrial Engineering）を農業改革にどう生かすのかを事例を用い提案している。

ビジネスとしての具体的な動きは既にある。経団連産業政策本部でのニチレイアグリの紹介[101]では、コスト管理、生産から出荷に至るバリューチェーンの管理といった製造業のノウハウを生かしている。栗田は、有限会社クリタ園芸での納品先・単価を決めてから生産すること、品質向上による全品目95%の出荷率の確保などのために、農業以外の製造業では当たり前に取組んでいたことを可能な限り導入すべく努力している[102]。東京海上日動リスクコンサルティングでは、愛媛県西条市で化学メーカが中心に、「未来都市モデルプロジェクト」として、GPSによる農機自動運転や農薬無人散布、ICタグ技術による農作物・流通の効率的システム構築を目指していることを紹介している。その他にも、大企業等からの農業参入、ノウハウ活用も行われている[103]。IT化の観点では、NECシステムテクノロジー[104]、富士通の堀光他[105]や川井

99　高木栄、赤松美里（2010）「農業のイノベーションモデル仮説と検証―イノベーション推進のための戦略立案の指針として」『Venture Review』No.15，39-48頁。

100　藤井春雄（2013）「ケース・スタディ 農業の生産性向上」『IE Review』第54巻第4号，43-48頁。

101　経団連産業政策本部（2012）「企業の生産管理のノウハウを活かして農業の食品産業化につなげる：生鮮野菜の調達・販売～ニチレイアグリ」『月刊経団連』4月号、44-45頁。

102　東京海上日動リスクコンサルティング（2013）「農業ビジネス参入のリスクとチャンス」2月号，1-8頁。

103　室屋有宏（2013）「増加する企業の農業参入と質的変化」『Business Labor Trend』労働政策研究・研修機構，22-28頁。

104　NECシステムテクノロジー資料（2013）「ITを活用した塾モデルによる農業生産支援」。

105　堀光良、河嶋英治、山崎富広（2010）「農業分野へのクラウドコンピューティングの

他[106]、日立ソリューションズ[107]等から情報システムの提案がなされており、金間・野村（2014）に事例解説がある。以上のように製造業のノウハウを個々に生かす取組みは始まっている。

(3) 分析枠組みとその背景となる理論

本方法論の着想を得た契機は、根来他[108]、向[109]の事業の差別化メカニズムを分析するためのフレームワークである「差別化システム」および手島の概念データモデルの動的モデルにある。

根来他および向は、資源ベース戦略論（RBV）を踏まえ、事業の差別化メカニズムを分析するためのフレームワークとして「差別化システム」を提案している。差別化システムでは、顧客からみた企業の評価項目（差別化）から遡って、企業が行っていること（活動）、企業が持っているもの（資源）について、当該企業の競争力を構成する「主要項目」が抽出される、としている。いいかえれば、企業が行っていること（活動）および企業が持っているもの（資源）により、当該企業の競争力をある程度捉えることができるのではないか、ということである。

(4) 分析枠組み

分析の枠組みを考えるうえで、①農業は、どのような形態の製造業に類似しているのか、②企業のノウハウの枠組みを、ある視点で見える化できないか、

適用と他分野への展開」『FUJITSU』第61巻第3号，314-320頁。

106　川井大輔、山崎富広（2013）「農業分野におけるICT利活用までの道のり」『FUJITSU』第64巻第1号，88-94頁。

107　日立ソリューションズ（2010）「GeoMationFarm」紹介資料。

108　根来龍之、向正道（2007）「情報システムの経路依存性に関する研究―セブン・イレブンのビジネスシステムを通じた検討」『早稲田大学IT戦略研究所 Working Paper』No.22。

109　向正道（2012）「持続的競争優位をもたらすビジネスシステムの分析フレームワーク提案―先行研究のレビューと差別化システムフレームワークの再定義」『早稲田大学大学院商学研究科 商学研究科紀要』75巻、57-77頁。

③ ②が実現する場合、製造業と農業の構造をそれぞれ見える化し比較することで、製造業のノウハウと農業との関係を把握できないか、という三つの切り口をもって取組むこととした。

農業は、どのような形態の製造業に類似しているのかという視点は、玉木[110]の「生産管理の見地からは、業種や企業規模の大小よりも、生産方式のほうが重要である。業種や作業に多少の相違があっても、生産方式が同じであれば、類似した生産管理の方法を適用できる」と述べている。つまり、生産方式の類似性がポイントと考え得るというところにヒントを得ている。

「企業が行っていること（活動）および企業が持っているもの（資源）により、当該企業の競争力を表現できる」ということを背景に、概念データモデルの動的モデル（「もの」、「こと」）に着目した。動的モデルは、「こと（イベント：ビジネス活動）」による実体の変化規則を、実体が生成されてから消滅するまでのライフサイクルとして記述する。動的モデルでは、データ状態が「こと」とともに変化する「もの」それぞれについて、時間の経過する順番で左から右へと「こと」を記述する。「もの」のデータ状態が書き換えられる「こと」を上から入る形で記述し、「もの」の内部データ状態がある状態になったときに、外部にデータを送る「こと」を「もの」から下へと伸ばす。「もの」が情報のやりとりをする形で対象世界を記述する。

差別化システムの「資源」「活動」はそれぞれ、概念データモデルの「もの」「こと」と捉えることができる。つまり、ビジネスを動的モデルに写しとることで、そのビジネスの競争力の源をおさえることができる。

動的モデルにより、ビジネスに関わる「もの」がどのような「ビジネス活動」によって状態が変化するのか、一連の「活動の種類」と順序規則で明確化できる。製造業と農業のビジネス構造を動的モデルに写しとることにより、製造業と農業の動的構造の比較が容易になり、製造業の競争力の源を農業に写像できるということである。

110　玉木欽也（1996）『戦略的生産システム』白桃書房。

図 14 「製造業の知見を農業へ生かすための全体俯瞰」のステップ

手順 1：企業および製造業の全体構造の把握
手順 2：製造業の形態の分類
手順 3：製造業の形態に対する農業の類似性
手順 4：製造業と農業の動的構造の写し取り
手順 5：製造業ノウハウの農業への写像（手順 4 で写し取ったモデル間の写像）により、製造業ノウハウの農業ビジネスへの応用可能性を全体俯瞰

出所：筆者作成。

以上の考え方に基づき、まず企業および製造業の全体構造を把握し、製造業を大きく二つ（組立系、プロセス系）に分けることができることを示す。次に、農業ビジネスは、組立系、プロセス系のいずれに類似しているのかを分析する。結果としては、後者に類似するところが多い。そこで、製造業（プロセス系）の構造を動的モデルに写しとり、その動的モデル上に、製造業の構造も念頭に、需要予測、生産計画等のカバー領域を明示する。需要予測、生産計画等の仕組みに製造業のノウハウが凝集されている。同じく、農業ビジネスの構造を動的モデルに写しとる。二つの動的モデル間で、製造業の需要予測、生産計画等のカバー領域を農業ビジネスの動的モデルに写像（日本大百科全書デジタル版（2016）によれば、「写像」とは、風景とレンズを通して得られるその像のように、ある対象の点を他の対象の点に写す、または対応させる仕方をいうが、その考え方はもっと一般化されて、集合、位相空間、群のような数学的対象においても用いられる）することにより、製造業のノウハウの農業ビジネスへの応用可能性の全体俯瞰につなげていくのである。その手順を図 14 に示す。詳細は、第 5 章第 2 節 第 4 プロセス「製造業の知見を農業に生かすための全体俯瞰」にて説明する。

第5章　事例研究

これまで見てきた研究対象とその分析枠組みや理論的背景に基づきながら、経営現場の参与観察、経営者へのインタビュー、多数の意見交換を実施し、調査研究を進めた。

1. 第1プロセス「実態の認識・分析」から第3プロセス「戦略の評価」

(1) 対象企業の概要

まず取り上げる企業事例は、ビオラやクローバーを中心とした花苗《はななえ》を栽培・販売し、海外進出を進めている高知県のA社である。A社は、高知県高知市春野に本社があり、農地約3.5ヘクタールを所有している。経営者は1986年大学農学部を卒業した後に家業を継承する形で就農し、1994年からは30歳で花苗栽培を始めた。年商は2010年度に約1.8億円となり、その後も堅調に推移して、2018年3月期には約2.3億円となった。就農当初は、ショウガやピーマンなどの野菜類を中心に生産していたが、徐々にショウガ以外の作物を花苗に転換させて行き、事業規模を徐々に拡大させながら2004年には法人化した。A社は、従来型の家族農業経営を出自とし、そこから脱却して企業として経営を推進している農業経営体である。

小田他[111]によれば、従来型からの脱却・離脱を図る場合、地域・産地視点と個別経営視点からの展開が見られる。具体的には地域・産地視点からは、集落営農組織や任意生産組織等の組織経営体への再編やそこから展開した法人経

111　小田滋晃、長命洋佑、川﨑訓昭、長谷祐（2013）「次世代を担う農企業戦略論研究の課題と展望」『生物資源経済研究（京都大学）』第18巻，43-60頁。

営体が想定でき、個別経営視点からは多くは従来型の家族経営体から法人経営体への展開が見られる、とのことであるが、まさにA社は個別経営体からの展開であり、かつ、石崎[112]の主張する内部成長方式による経営展開でもある。A社は自らが独立してやりたい農業を行っていくことを目標に夫婦で花苗栽培を始め、より珍しい品種の栽培に取組み、経営戦略と実行力が功を奏し安定した花苗の全国への供給を実現し、異業種の需要開拓、海外へも販売の展開ということで、全国優良経営体として表彰[113]されている。農業経営体として順調に成長しているのがわかる。

ここでは、家族経営から法人化を果たし経営を発展させている企業A社を研究の対象とし、企業化を展開させていくことのできた要因を探った。

有限会社 A社の会社概要

・会社名 A社

資本金 3,000,000円

年商　 約2億円

従業員 約40名

事業内容

生産品目　花苗全般における新品種の育種と開発

・海外事業

海外通販、開始（イギリス、ドイツ）

アメリカに販路を拡大予定。

・取引先

ジョイフル本田他

112　石崎忠司（2001）「農業経営の企業経営化：生業的経営から企業家的経営へ」『農業経営研究』第38巻第4号，34-41頁。

113　農林水産省経営局経営政策課（2017）『「平成29年度 全国優良経営体表彰」の発表について 販売革新部門』

http://www.maff.go.jp/j/press/keiei/keiei/171004_21.html

（最終閲覧日は2019年11月8日）

全国の主要市場への出荷（主要市場の展示会に参加）

・全国の生産者

国内複数箇所で委託生産

(2) 第１プロセス　実態の認識・分析

①事業領域と使命

Ａ社の「事業領域と使命」を示す。企業訪問、入手資料等から描いたものである。顧客層と製品／サービスおよび、外部資源と資源供給者などを検討することを通して「事業領域」を確認する。また、ビジネス組織としての社会環境の中でのしかるべき役割すなわち「事業使命」も明らかにする。「事業の使命」「価値」「経営からの期待・方針」「商品」「商品動向」「顧客層」「顧客動向」「外部資源」「資源動向」「固有技術」等を見える化し、事業の全体を浮き彫りにしている（図15）。

オリジナルなビオラ、オリジナルなクローバー（4つ葉～7つ葉）などの商品を提供し、楽しんでもらうことを「事業使命」としている。オリジナル商品そのものが「価値」となっている。ビオラの魅力は、風や雨に強く痛みにくく、休むことなく連続して次々と花を咲かせること、パンジー以上に長期間開花（最長8か月間）を楽しめ、オシャレでキュート、ほのかな香りが心を癒してくれるところにある。

経営の方針としては、大手には作れないもの、隙間を狙い、少量生産でも高単価で売れるものに着目している。大手種苗メーカにはないオリジナル商品は、通常の３～４倍の価格で販売できている。つまり、明確な経営戦略をもって取組んでいる。

国内顧客は県内２分の１、県外２分の１であり、高知県内市場（卸売）、県外市場（中京・関東圏の花屋へ卸売）、小売店（サンシャイン、ホームセンター・マルニ）、大手通販（サカタのタネ、サントリー、ジョイフル本田）および自社店舗での直販も行っている。自社店舗では、農場で育てた花苗や野菜苗、鉢や雑貨を販売している。

図 15 「事業領域と使命」（A 社）

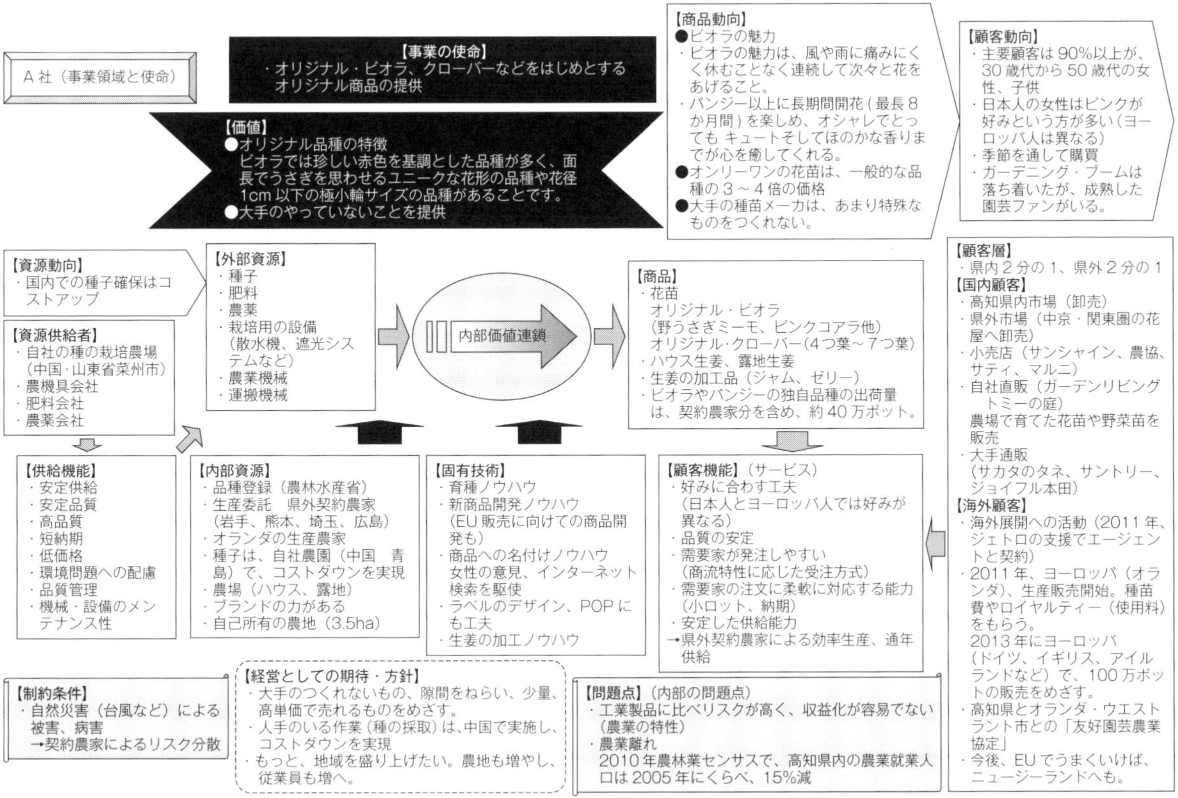

出所：筆者作成。

主要な最終顧客は90％以上が30歳代から50歳代の女性ということで、顧客の好み（日本人の女性はピンクが好みという方が多い）の傾向を把握し、それを踏まえて新たな品種を生み出すことに努めている。季節を通して購買ニーズがある。ガーデニング・ブームは落ち着いたが、成熟した園芸ファンが存在する。

新品種の開発にあたっては、経営者も含め研究を行い育種ノウハウの蓄積、レベルアップを地道に継続し、農林水産省への品種登録も行っていっている。つまり、企業として消費者に向けてより質の高い商品、オンリーワン品種を提供できるように固有技術を高めていっている。

販売に当たっては、単なる花として売るのではなく、花の特徴を生かして消費者を引きつけると思われる愛称を、女性の意見およびインターネット検索も駆使して名づけて販売している。愛称により売れ行きも変わるということで、苦労して名称を考案している。ラベルのデザイン、POPにも工夫をほどこしている。

一番、人手のかかる種子の確保は中国の青島《チンタオ》に自社農園を持つことで実現するなど、コストの削減にも努めている。つまり、企業としての合理化に取組んでいる。

商品を提供するに当たっては、安定した品質で顧客の注文に小ロットでも対応している。さらに、自然災害による被害や病害なども想定し、県外（岩手、熊本、埼玉、広島）に複数の契約農家をもつことでリスク分散し、安定して消費者に商品を提供できるように配慮している。つまり、経営上のリスク・制約も考慮し顧客へのきめ細かい経営を行っているのがわかる。

海外展開への活動は、高知県とオランダ・ウェストラント市との「友好園芸農業協定」も踏まえジェトロの支援で実現したものであり、特にEUを視野に業容拡大を図ろうとしている。

②静的モデル

A社の「静的モデル」を図16に示す。「もの」と、その「もの」の間に張られた「関連」から構成されている。関連におけるカージナリティ（cardinality：関係データベースにおける、関係の中の組の個数）の表示にはER図で用いられる「トリの足」（「もの」間の→は、1：nを意味する）を用いている。

静的モデルから見えてくることは次の通りである。

・「販売・利益計画」をもとに、「種子」の生産量が決められる。
・計画に沿って中国で生産された「種子」は、「県外契約農家」にも提供される。
・「種子」「肥料」「農薬」「農機具」の外部資源を使って、内部資源「圃場」にて、固有技術「栽培ノウハウ、育種ノウハウ」を活用して「商品（ビオラやクローバー）」を栽培する。
・肥料や農薬の使用時期や量は、「栽培ノウハウ、育種ノウハウ」に基づく。
・顧客には県内外市場があり、小売店、通販会社などもある。
・自社直販所でも、販売する。
・顧客からの受注結果は、商品に引当てられる。引当てられた商品は、納期にあわせて顧客へ出荷される。
・「新商品開発ノウハウ」に基づいて開発された商品の一部で価値の高いものは、農林水産省に品種登録される。
・「オランダの生産農家」には、「栽培ノウハウ、育種ノウハウ」が提供される。

A社は関連産業や支援産業と緊密な連携をとっていることがわかる。具体的には、オランダの生産農家、県外の契約農家、肥料・農薬・農機具等の企業、自社通販・県内外の市場・大手通販会社・大手小売店、品種登録に関係する農林水産省、海外進出にあたって指導を受けるジェトロなどと関係をもっている。さらに、最近ではブライダル業界に販路を拡大している。海外も含む契約農家へは育種ノウハウ、栽培ノウハウ、新商品開発ノウハウなどの「固有技

図 16　静的モデル（A 社）

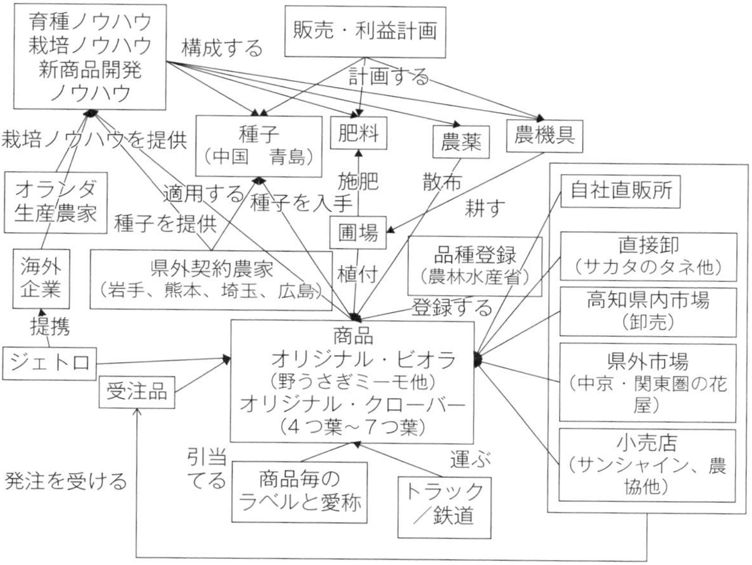

出所：筆者作成。

術」の提供も行っている。

③動的モデル

A 社の「動的モデル」を示す（図 17、図 18）。

動的モデルに沿って解説すると次のようになる。

◆販売・利益計画（図 17）

・まず、商品の栽培計画量、計画原価、計画売値、さらに収益の計画を策定する。

・「販売・利益計画」には、時間経過とともに発生した肥料や農薬他の実績原価が、入力されていくことになる。随時、実績売値も入力されていき、最終的に収益が締められる。

・策定された、種子栽培計画、ビオラ栽培計画、栽培のための肥料計画、農

図 17 「動的モデル」（A 社）—販売・利益および栽培計画

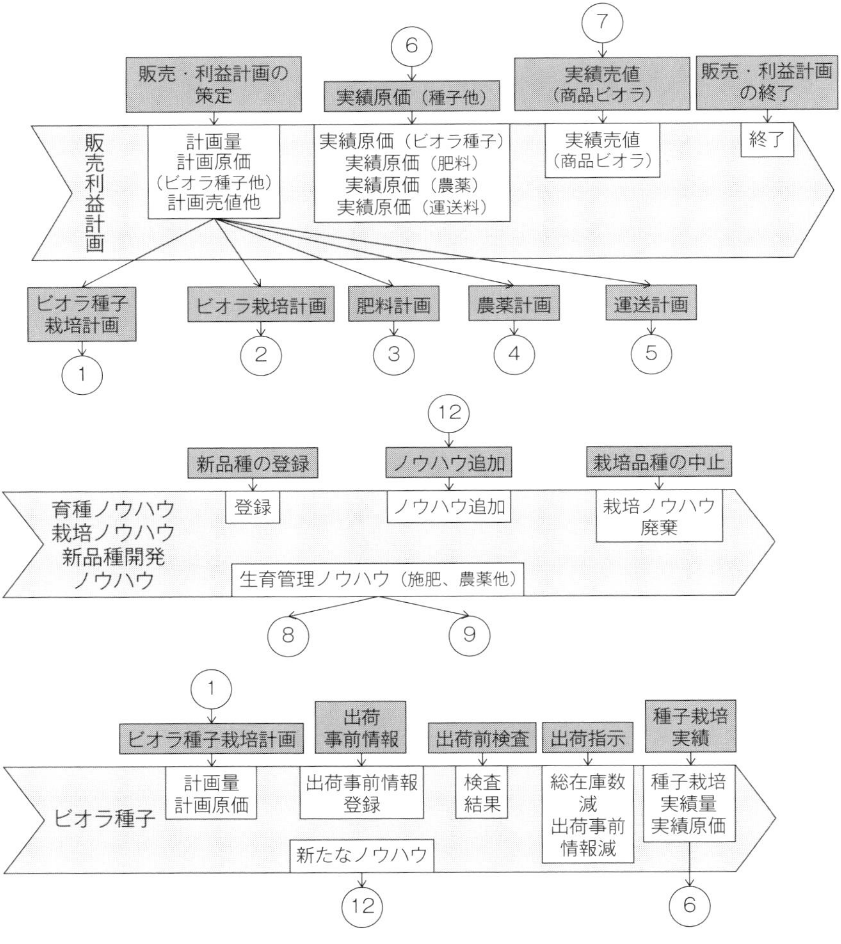

出所：筆者作成。

図 18 「動的モデル」(A 社)—商品計画・運送計画・肥料計画・農業計画・品種改良

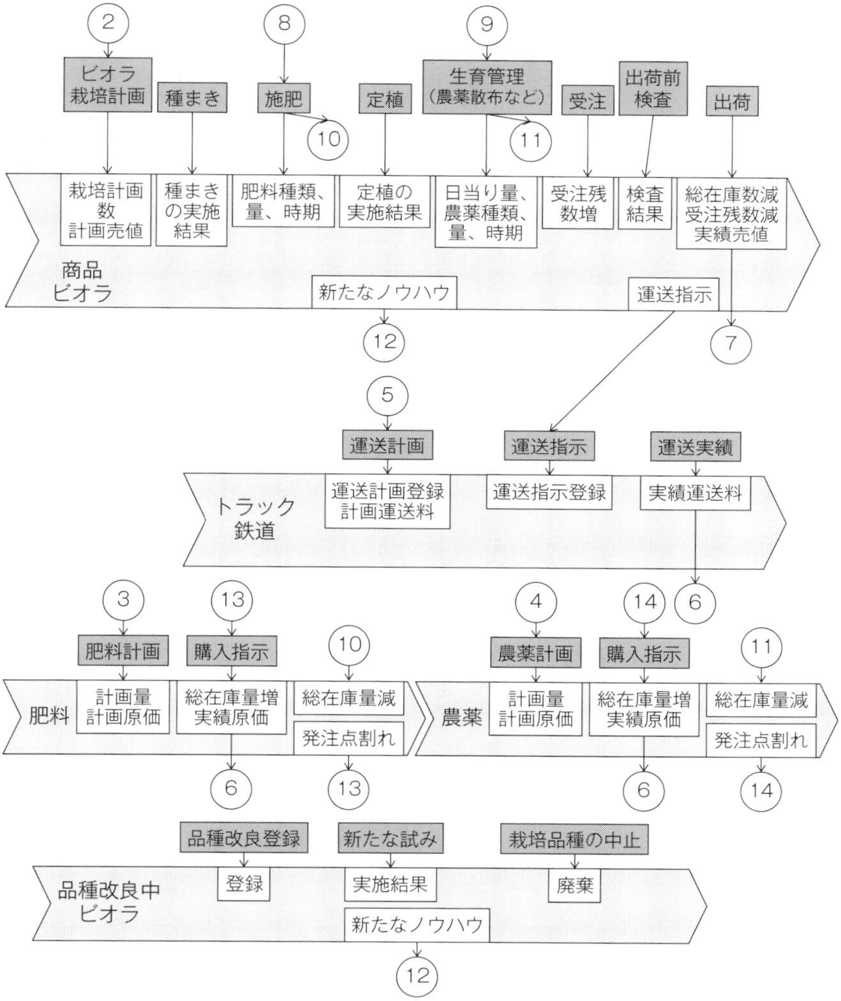

出所：筆者作成。

薬計画、運送計画は、それぞれ、「ビオラ種子」「商品ビオラ」「肥料」「農薬」「トラック・鉄道」への入力となる。

◆ビオラ種子（図 17）

・「ビオラ種子」では、ビオラ種子栽培計画をもとに、栽培計画量や計画原価を設定する。これにより、「ビオラ種子」が関心の対象世界に「もの」として出現することになる。

・時間経過とともに発生する出荷事前情報、出荷前検査、出荷指示の活動を経て出荷される。途中、種子栽培実績により実績原価も確定する。

◆商品ビオラ（図 18）

・「商品ビオラ」は、ビオラ栽培計画を基に、栽培計画数や計画売値を設定する。これにより、「商品ビオラ」が関心の対象世界に「もの」として出現することになる。

・「ビオラ種子」からもたらされる種子が、「種まき」という活動でまかれる。その際、種子がまかれたという状態が登録される。

・時間経過とともに、「育種ノウハウ、栽培ノウハウ」に従って施肥、定植、生育管理などの活動が働きかけ、それぞれの状態が登録される。

・受注があると、受注残数が増となる。出荷前に検査し検査結果が登録される。出荷で、実績売値が確定し、受注残数減、総在庫数減となり、運送指示が出される。

・運送指示は、「トラック・鉄道」の入力となる。受注したすべての「商品ビオラ」が出荷され、活動をすべて終了した時、その「もの」が関心の対象世界から消え去る。

◆トラック・鉄道（図 18）

・「トラック・鉄道」では、運送計画で計画が設定される。

・その後、随時、運送指示を受けて、輸送する。

◆肥料、農薬（図 18）

・「肥料」「農薬」では、肥料計画、農薬計画によって、栽培のための計画量や計画原価が設定される。

・肥料や農薬は、必要な物は購入され原価に反映される。

・消費されることで、在庫数が変動していく。

◆品種改良中ビオラ（図18）

・品種改良対象がまず登録され、さまざまな試みがなされ、新たなノウハウが確認されると、「育種ノウハウ、栽培ノウハウ、新商品開発ノウハウ」に登録されていく。

◆育種ノウハウ、栽培ノウハウ、新商品開発ノウハウ（図18）

・ここには、新たなノウハウが随時、追加されていく。A社にとって、大変重要なデータベースとなる。

◆その他（図18）

・利益管理においては、「ビオラ種子」「肥料」「農薬」「トラック・鉄道」などの計画原価、実績原価、さらに、「商品ビオラ」の計画売値および実績売値などが関係してくることになる。つまり、「販売・利益計画」で全体が管理されることになる。

年間の販売・利益計画、それに基づく種子・農薬・肥料等の資源の確保、計画に沿った栽培の実施、栽培における育種ノウハウ・栽培ノウハウ・新品種の開発のノウハウの蓄積、それを自社の強みとしての活用を行っている。経営として戦略をもち、PDCAサイクル[114]がまわっているといえる。

(3) 第2プロセス　課題の認識・方向づけ

「戦略マップ導出の考え方」に沿って、「事業領域と使命」の各要素を中心に静的モデル、動的モデルでの確認も踏まえて、「財務の視点」「顧客の視点」「内部ビジネスプロセスの視点」「学習と成長の視点」の四つの視点、加えて「基本戦略」を導出する。

高知県のA社のケースを図19に示す。主として戦略マップの構成要素であ

114　PDCA Cycle、Plan-Do-Check-Act Cycleの略。業務の継続的な改善手法である。

る「内部資源」「固有技術」等から「学習と成長の視点」を、「経営としての期待・方針」「顧客層」「内部資源」「資源動向」等から「内部ビジネスプロセス」を、「顧客の動向」「顧客層」等から「顧客の視点」を導出した。「財務の視点」の中にある「販路の拡大」等の基本戦略は、全体確認を通して設定したものである。

図19から、A社の企業としての経営戦略を伺うことができる。収益の増を狙って、①販路の拡大、②新商品の拡大、③通年販売、④コストを抑え利益の確保、⑤海外展開を行っているあるいは計画している。

① 販路の拡大を実現するために、顧客の購入先の選択肢を増やすべく、県内・県外の市場、大手小売店、自社での通販、大手通販という販路を持っている。
② 新商品の拡大を実現するために、顧客がオリジナルの花を楽しめるようにすべく大手の栽培できないもの、オンリーワン商品、オリジナルな形・香りで日持ちのする花を開発している。
③ 通年販売を実現するために、つまり顧客が季節を通じて購買可能なように、自然災害・病害というリスク回避し大量販売が安定してできるように県外に契約農家を確保している。
④ コストを抑え利益の確保を実現するために、つまり顧客がより安価に購入できるように、国内での種子確保はコストアップになるため、中国に自社農園を所有し対策をとっている。
⑤ 海外展開を実現するために、つまり海外の顧客が自社の花を楽しめるように、高知県とオランダの友好園芸農業協定も背景にジェトロの支援を受けてエージェントと契約しヨーロッパでの販売に進出している。

これらを支えるものとして、育種ノウハウ、新商品開発ノウハウの固有技術の絶え間ない向上に努め、育種家システムの構築や農林水産省への品種登録も積極的に行いブランド力を高めている。さらに花の愛称やPOPは売れる度合

図19　戦略マップ（A社）

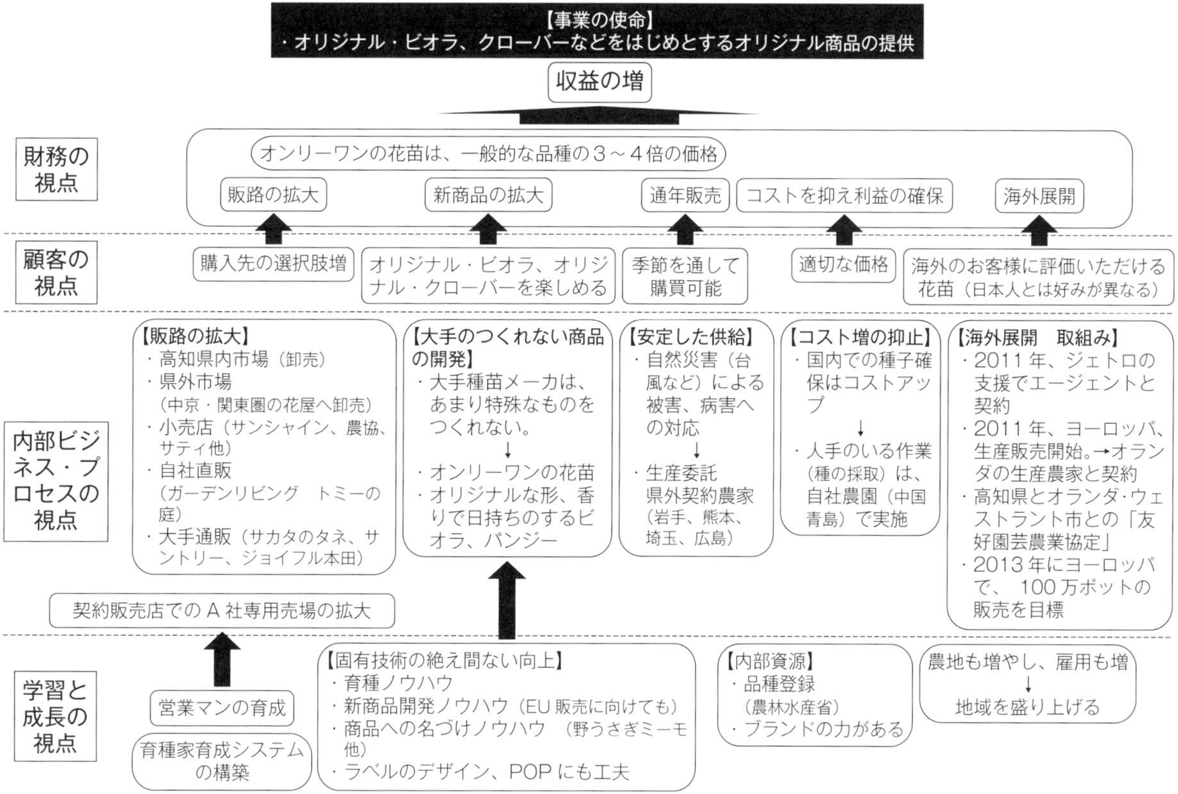

出所：筆者作成。

いに大きく影響するため、愛称やPOPに工夫を凝らしている。農地の拡大、雇用の増など地域を盛り上げることにも貢献している。

以上、企業化という視点でみると、それぞれの取組みが企業として目指す方向と論理的な整合性をもって実行あるいは計画されている。つまり、企業として戦略をもった経営が着実になされている。

(4) 第3プロセス　戦略の評価

「第3プロセス「戦略の評価」」で提案した手順に沿って、A社の取組みをさらに浮き彫りにするために実施した「顧客の視点」展開表と業績指標展開表（A社）と具体化戦略展開表と具体化戦略重要度（A社）を示す。また、「顧客の視点」を具体化戦略の評価に展開する際の評価ポイントを示す。

戦略マップを受けて、収益の増を実現するために、「顧客の視点」と整合性をとった基本戦略の重要性を評価しその重要度をもとに、「内部ビジネス・プロセスの視点」「学習と成長の視点」、それぞれの中の取組みを評価していったものである。ここでも、それぞれの取組みが企業として目指す方向と論理的な整合性をもって実行あるいは計画され、評価できることがわかる。企業化を進めるうえで新商品の開発ノウハウを中心に自社の固有技術を向上させることによる、大手のつくれない商品の提供に重要度をおいていることになる。

具体的には次の方法をとっている。戦略マップの最上位にある「収益の増」を実現するために、販路の拡大、新商品の拡大、通年販売、コスト抑止で利益確保、海外展開を取り上げている。それぞれを実現するためには、「顧客の視点」にたつこと、購入先の選択肢を増やすこと、オリジナル商品を楽しめること、季節を通じて購入できること、適切な価格で購入できること、海外のお客様に楽しんでいただけることなどを、企業として実施していく必要が出てくる。「顧客の視点」を、顧客からみた重要度を5段階評価したものが「顧客重要度」欄である。現在の自社のレベルを評価したものが「自社レベル」欄であり、自社としてどこまでのレベルにもっていくかを定めたのが「自社重要度

図 21　具体化戦略展開表と具体化戦略重要度（A 社）

具体化戦略展開表（機能展開表）			業績評価指標						
具体化戦略			販路拡大数	年間新商品開発数	栽培地の分散	コストの削減・抑止額	海外展開数		
1 次	2 次	3 次	33.9	18.3	20.4	19.0	8.4	具体化戦略重要度	具体化戦略重要度比率
内部ビジネス・プロセスの視点	【販路の拡大】	・高知県内市場（卸売）	○ 68					68	3.8%
		・県外市場（中京・関東圏の花屋へ卸売）	◎ 135					135	7.6%
		・小売店（サンシャイン、農協、サティ他）	△ 34					34	1.9%
		・自社直販（ガーデンリビングトミーの庭）	△ 34					34	1.9%
		・大手通販（サカタのタネ、サントリー、ジョイフル本田）	◎ 135					135	7.6%
		契約販売店での A 社専用売場の拡大	△ 34					34	1.9%
	【大手のつくれない商品の開発】	・オンリーワンの花苗	○ 68	◎ 73				141	7.9%
		・オリジナルな形、香りで日持ちのするビオラ、パンジー	○ 68	◎ 73				141	7.9%
	【安定した供給】	・生産委託県外契約農家（岩手、熊本、埼玉、広島）			◎ 82			82	4.6%
	【コスト増の抑止】	・人手のいる作業（種の採取）は、自社農園（中国青島）で実施実現	△ 34			◎ 76		110	6.2%
	【海外展開取組み】	・2013 年にヨーロッパで、100 万ポットの販売を目標					◎ 34	34	1.9%
学習と成長の視点	【固有技術の絶え間ない向上】	・育種ノウハウ研究		◎ 73				73	4.1%
		・新商品開発ノウハウ（EU 販売に向けて）	○ 68	◎ 73			○ 17	158	8.9%
		・商品への名づけノウハウ（野うさぎミーモ他）	○ 68					68	3.8%
		・ラベルのデザイン、POP にも工夫	○ 68					68	3.8%
	【内部資源】	・品種登録（農林水産省）	○ 68	◎ 73			○ 17	158	8.9%
		・ブランドの力	○ 68					68	3.8%
	【その他】	・営業マンの育成	◎ 135					135	7.6%
		・育種家育成システムの構築	△ 34	◎ 73				107	6.0%
							合計	1782	100.0%

注：◎：○：△　4：2：1　独立配点法。
出所：筆者作成。

図 22 「顧客の視点」を具体化戦略の評価に展開する際のポイント

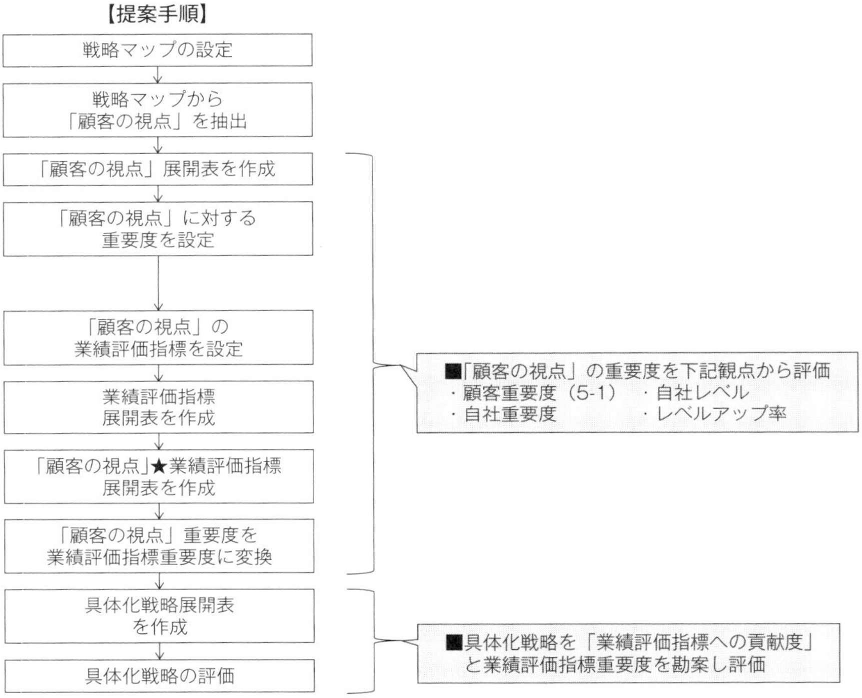

出所：筆者作成。

・最終的には、具体化戦略の重みを算出でき、重要度の参考にすることができる。つまり、戦略の方向づけとその重要度評価につなげることができている。

2. 第 4 プロセス「製造業の知見を農業へ生かすための全体俯瞰」

B 社を対象に、現場参与観察、経営者インタビュー等、複数回の代表との意見交換をもとに研究を進めた。ここでは、製造業の知見を農業へ生かすための全体俯瞰についてふれる。

(1) 対象企業の概要

①起業までの経緯

高知県南国市のJA南国市が平成23年（2011年）から構想し、平成24年（2012年）に出資設立された農業生産法人「株式会社Ｂ社」を研究対象とした。本社は南国市岩村にある。幾度にもわたる意見交換に対応していただいたのは、平成12年（2000年）にJA南国市に入社して、主に営農指導の仕事に従事してきた農家出身の若手のリーダーである。農業を取り巻く環境が大きく変化し、近年のTPP問題への対応や政府の戦略的農業経営への方針転換もある一方で、後継者不足、地方農業の衰退などが、着々と進行している。こうした流れの中で、2008年にJA南国市が管内農地・農家を調査し、10年後の管内農業の未来予測シミュレーションを行った。結果的に明らかになったのは、10年後の農業産出額が半減し、農業の担い手も約半数に減少するという危機的な数値が浮き彫りになった事実であった。

JA南国市は、①管内農地や農業生産基盤の維持、②集落営農や受託組織を補完、③新規就農者の育成などの目的から農業生産法人を設立し、自立自存の経営を推進しながら、地元農家と緊密に連携し既存農家への営農指導を徹底することや、個別農家の販売力の強化を強力に推進して行く中核として、Ｂ社を創設した。調査当時は、役員は３名（非常勤１名、常勤２名）、社員６名、監査役は非常勤１名であった。地域に根づき、農業で人と物と金が流通するシステムを目指している。

②事業内容

Ｂ社の事業内容には①農業生産事業、②農作業受託事業、③加工事業、④営農サービス事業がある。収益の柱となるべき農業生産事業は、事務所を構える岩村地区で昔から盛んな青ネギや、かつてはブランドだった「三和のカンラン」と呼ばれるキャベツのブランド再構築を目指し生産している。その他にも、同市の野田地区でしか生産できない加工用大根の生産者がいなくなるのを機に生産を開始し、栽培技術や地元の食文化を継承している。そして、地産地消の推進に力を入れ、同市で昔から二期作二毛作として有名であった水稲や、地元の消費者・加工業者などからの依頼でさまざまな作物を少量多品種で栽培している。その他にも、地元の青果物を同市の 13 の学校に配達。給食に使用されることで食育活動を援助。県内量販店や外食店・病院・介護施設などへ、顔の見える食材販売を展開。高知県や同市と共に地産地消を推進している。

農作業受託事業では昔からある農作業受託組織を壊さないためにも、畝づく

図 23　企業の業務の全体構造

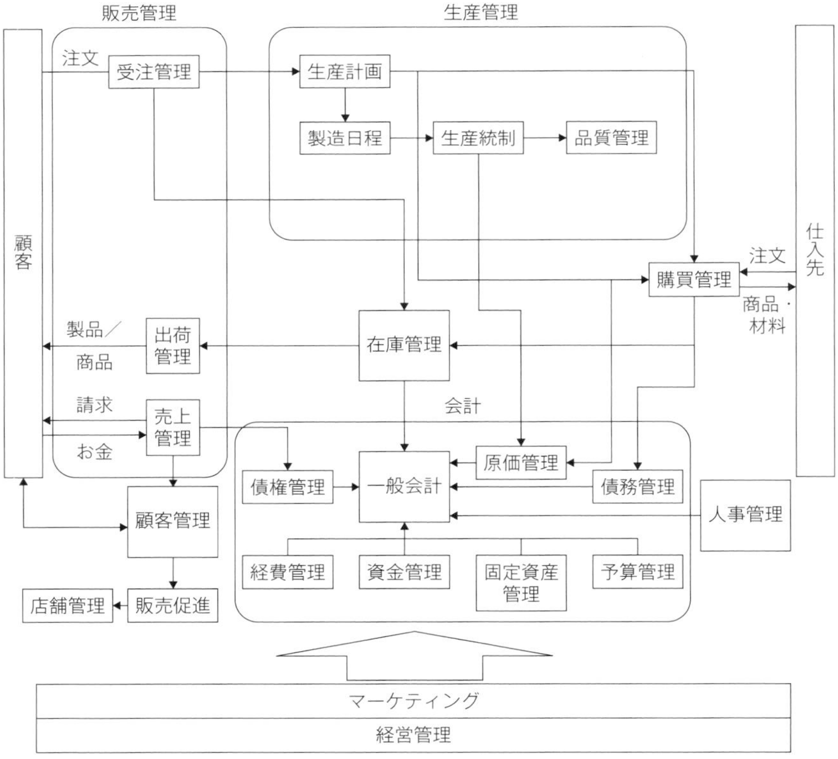

出所：克元亮編、井形元彦著（2009）『図解でよくわかる SE のための業務知識』日本能率協会マネジメントセンター刊を基に著者作成。

りなどの土づくりに特化、また、企業向けに共同菜園を貸出し、耕作放棄地の利活用や食のプロと農の現場をつなぎ情報交換などに役立てている。

加工事業・営農サービス事業はJA南国市からの委託で四《し》方《ほう》竹《ちく》の加工事業（ピリシャキ漬けの製造）や育苗センター・ライスセンターの運営を行っている。また、耕作放棄地の再生の支援事業も行っている。

(2) 企業および製造業の全体構造の把握（手順1）

企業の業務の全体構造を示す。枠組みとして販売管理、生産管理、購買管理、在庫管理、顧客管理、会計等がある（図23）。

製造業は、原料や部品を調達し、効率よく生産し納期までに出荷するのが基本プロセスであり、原料の調達費用の低減化、生産効率を上げるトータルコストの抑制、在庫の適正化やリードタイム短縮による受注納期の遵守などの課題がある。それらの経営効率の向上に向けたノウハウが、製造業の仕組みの中に

図24　製造業の構造

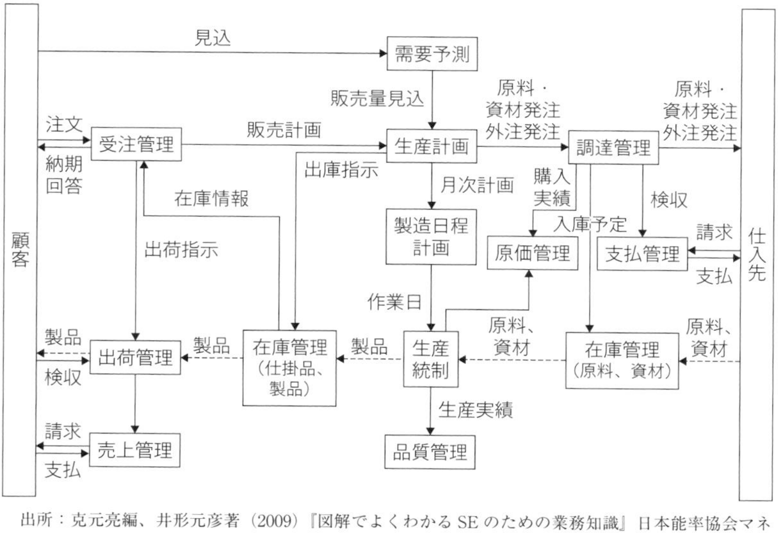

出所：克元亮編、井形元彦著（2009）『図解でよくわかるSEのための業務知識』日本能率協会マネジメントセンター刊を基に著者作成。

図 25　生産管理の主要業務の概要

業務分類		内容
製造業	需要予測	特定期間における販売・生産の数量を過去データなどにもとづいて予測する。
	生産計画	需要予測や受注にもとづき、生産予定量を月や週、日単位に計画する。
	製造日程計画	製品の作り方である手順計画と生産能力のバランスをとる工数計画を作成する。
	生産統制	進度管理や現品管理、余力管理などにより、計画との実行差異を調整する。
	購買管理	生産に必要な材料や製品、消耗品などを最も有利な購買条件で調達する。
	在庫管理	原料、仕掛品、製品などの在庫を管理し、生産や販売がスムーズに流れるように調整する。
	品質管理	企画品質、設計品質、製造品質を高めるため、品質を評価し4M の視点で改善する。
	出荷管理	出荷指示を受けてピッキングし、配送手配から顧客への納品までの物流を管理する。

出所：克元亮編、井形元彦著（2009）『図解でよくわかる SE のための業務知識』日本能率協会マネジメントセンター刊を基に著者作成。

組み込まれている。

(3) 製造業の形態の分類（手順 2）

製造業は、組立系とプロセス系に大きく分類でき、生産管理のあり方が異なる。人見[115]は、生産形態を製品構成の観点から、①組立生産、②プロセス生産、③分解生産と 3 分類している。玉木[116]は、生産方式の分類については装置工業と組立工業の業種によって生産方式を大別すると、一般に装置型生産と組立型生産になる、としている。人見のプロセス生産、玉木の装置型生産は、

115　人見勝人（2011）『生産システム工学：総合生産学への途 入門編（第 5 版）』共立出版。

116　玉木欽也（1996）『戦略的生産システム』白桃書房。

図 26　組立系とプロセス系の比較

	業態	業界	加工方法	加工対象の状態	製品と材料の関係	内外の環境変化への対応	生産計画変更への対応
組立系	機械工業	自動車、電機など	外形変化（複数部品の加工・組立）	加工対象が個体	一つの製品への収束型（A 型）	工程の変更が比較的可能	比較的、柔軟性が高い
プロセス系	装置工業	鉄鋼、化学、製紙など	質的変化（原料の混合・反応等の加工プロセス）	原料・製品が不定形の液体・ガス	複数製品への分散型（V 型、T 型、X 型）	製品品種およびその生産能力は装置によってかなり制約を受ける	比較的、柔軟性が低い

出所：克元亮編、井形元彦著（2009）『図解でよくわかる SE のための業務知識』日本能率協会マネジメントセンター刊を基に著者作成。

筆者のいうプロセス系に相当する（図 26）。

組立系は、機械工業の形態であり、自社で製作した、あるいは外部調達した部品を加工し組立てて、外形変化により製品を完成させる[117]。一方、プロセス系は装置工業の形態であり、鉄鋼業や化学工業のように複数の原材料の混合・反応などを通じて質的変化により製品を完成させる。鉄鋼業では、高炉に鉄鉱石、コークス、石炭を投入し、最終的に厚板や熱延鋼板などの鉄鋼製品ができあがる。

(4)　製造業の形態に対する農業の類似性（手順 3）

農業を製造業の形態の分類からみると、自動車のような部品を組み立てていく形態とは明らかに異なり、種子に土壌、光、必要時に水、肥料、農薬等を与えることで（言い換えると、種子、土壌、光、水、肥料、農薬を原料にして）、質的変化を引き起こさせることで農産物を育てていく（製造していく）。

117　トヨタ自動車株式会社（2018）「自動車の製造工程」
http://www.toyota.co.jp/jpn/company/history/75years/data/automotive_business/production/production_engineering/prize_receiving/index.html
（最終閲覧日は 2019 年 11 月 8 日）

たとえば、B 社での青ネギの栽培工程は、①施肥《せひ》、②耕耘《こううん》、③畝《うね》立て、④播《は》種《しゅ》、⑤定植、⑥除草、⑦灌水、⑧間引き、⑨追肥、⑩中耕、⑪消毒、⑫収穫、⑬洗浄、⑭出荷、である。組立系とプロセス系の比較項目に沿って分析すると次のようになる。①加工方法は、土壌、光、水、肥料、農薬等により種子が質的に変化していく、②加工対象の状態は、土壌・水・光等もあり不定形、③製品と材料の関係では、一つの種子から複数の商品がとれる場合もあり複数製品への分散型、④内外の環境変化に対しては品種変更や生産能力には制約がある、⑤生産計画変更への対応は柔軟ではない。したがって、農業は製造業におけるプロセス系に近いと判断する。

(5) 製造業と農業の動的モデルの写し取り（手順 4）

プロセス系の生産形態の中から、鉄鋼業（厚板鋼板の生産）の動的モデルを図 28 の左側に示す。ビジネスの動きの一部を概説すると、短期・中期の販売・利益計画を策定し、それをもとに厚板製造年間計画が策定される。厚板製造年間計画、事前オーダや実オーダの内容が反映された月間製造計画を受けて日間製造計画が策定され、製造命令が発行される。製造命令に沿って、素材請求、出鋼、鋳造等の工程を経て製品の厚板となっていく。途中、緊急オーダによる特急処理命令等も出されることもある。製品はオーダと紐づいており、検査後、合格品が出荷される。製造途中では、その進捗が把握され、オーダ進捗情報等に反映される。鉄鋼石、石炭等の原料は年間計画に沿って購入・在庫管理がされる。

B 社の静的モデルを示す。さらに、青ネギを例に動的モデルを示す。この動的モデルをもとに、ビジネスの動きの一部を概説すると、次のようになる。基本は見込み生産である。需要予測も参考に販売利益計画、年間生産計画が策定され、日々の作業指示が従業員に出される。それにより施肥、播種、定植、生育管理等の工程が実行され青ネギが栽培されていく。注文を受けて収穫・調整がなされ顧客へ直接出荷されることもあれば、市場動向をみて、高知青果市場へ出荷されることもある。肥料・農薬等は在庫管理される。栽培ノウハウも都

図27　静的モデル（B社）

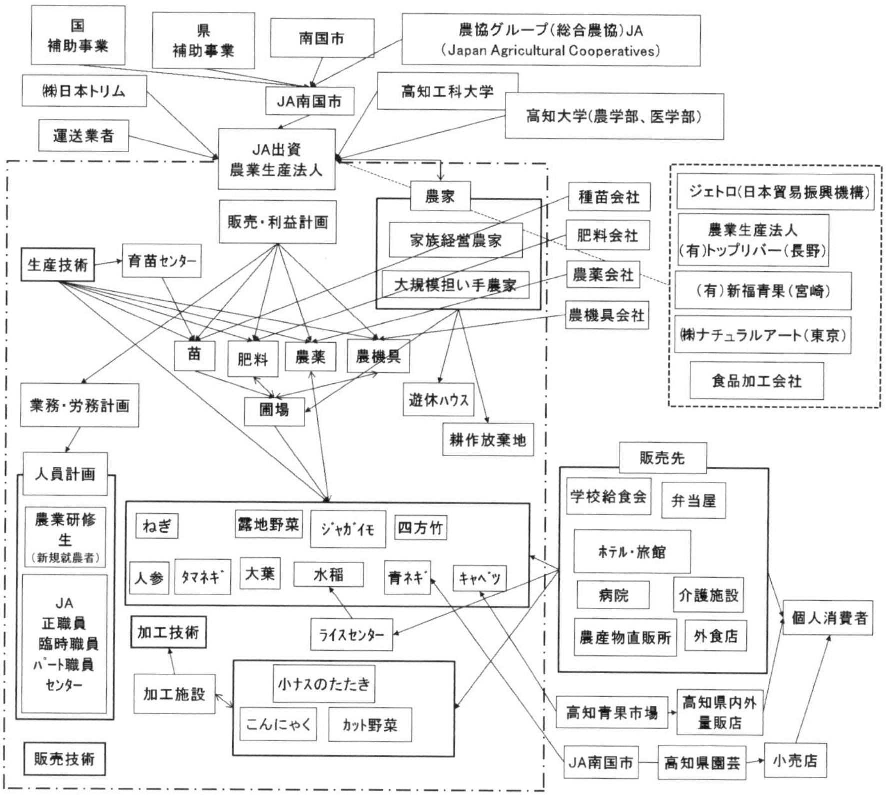

出所：筆者作成。

図 28　鉄鋼業のビジネス（動的モデル）と農業法人のビジネス（動的モデル）―需要予想・生産計画・製造日程計画から需要予想・栽培計画・栽培日間計画へ

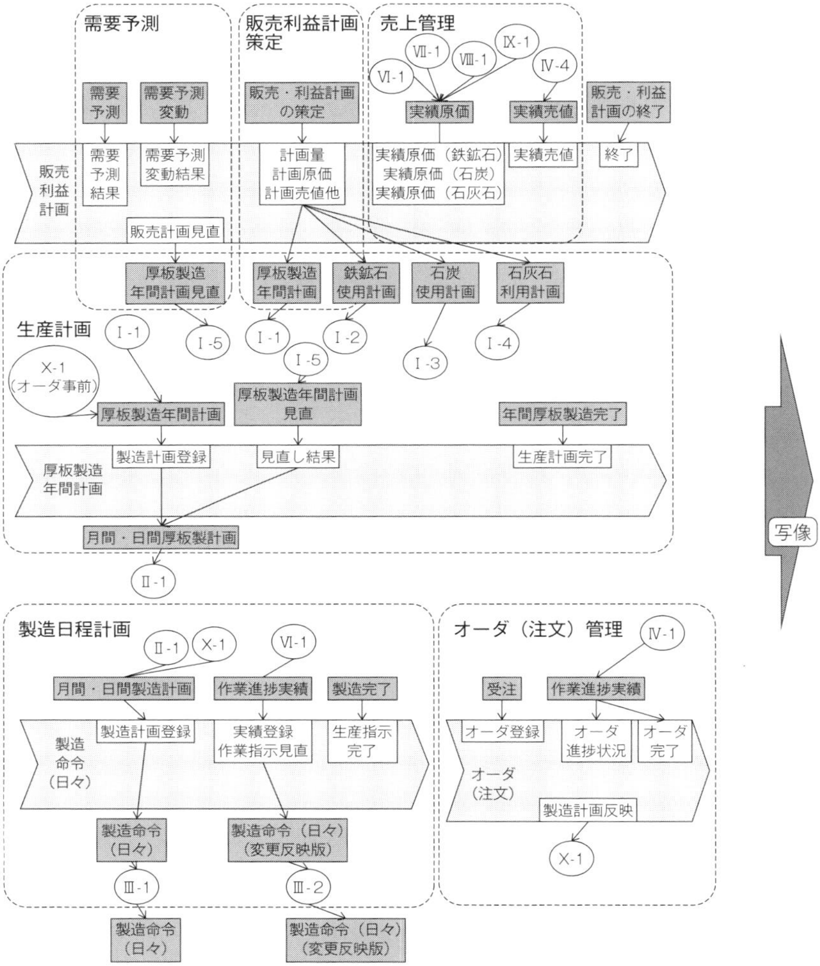

出所：筆者作成。

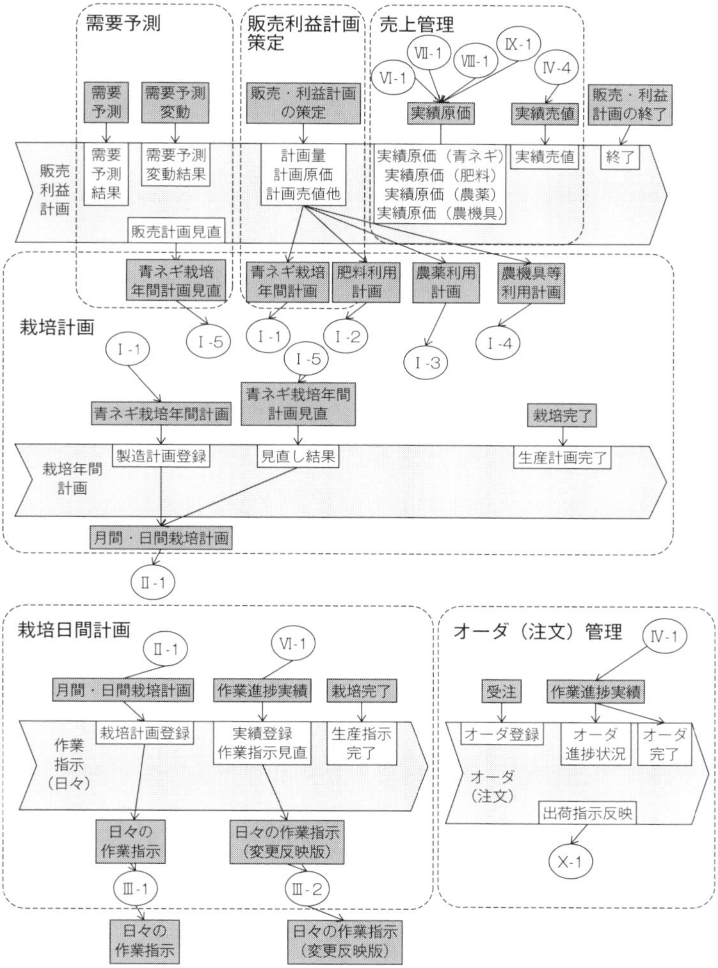

需要予測
販売利益計画策定
売上管理
Ⅵ-1
Ⅶ-1
Ⅷ-1
Ⅸ-1
Ⅳ-4
需要予測
需要予測変動
販売・利益計画の策定
実績原価
実績売値
販売・利益計画の終了
販売利益計画
需要予測結果
需要予測変動結果
計画量
計画原価
計画売値他
実績原価（青ネギ）
実績原価（肥料）
実績原価（農薬）
実績原価（農機具）
実績売値
終了
販売計画見直
青ネギ栽培年間計画見直
青ネギ栽培年間計画
肥料利用計画
農薬利用計画
農機具等利用計画
栽培計画
Ⅰ-5
Ⅰ-1
Ⅰ-2
Ⅰ-3
Ⅰ-4
Ⅰ-1
Ⅰ-5
青ネギ栽培年間計画
青ネギ栽培年間計画見直
栽培完了
栽培年間計画
製造計画登録
見直し結果
生産計画完了
月間・日間栽培計画
Ⅱ-1
栽培日間計画
Ⅱ-1
Ⅵ-1
月間・日間栽培計画
作業進捗実績
栽培完了
作業指示（日々）
栽培計画登録
実績登録
作業指示見直
生産指示完了
日々の作業指示
日々の作業指示（変更反映版）
Ⅲ-1
Ⅲ-2
日々の作業指示
日々の作業指示（変更反映版）
オーダ（注文）管理
Ⅳ-1
受注
作業進捗実績
オーダ（注文）
オーダ登録
オーダ進捗状況
オーダ完了
出荷指示反映
Ⅹ-1

図 29　鉄鋼業の動的モデルから農業法人への動的モデルへ―生産統制・製造技術管理・購買管理・設備管理

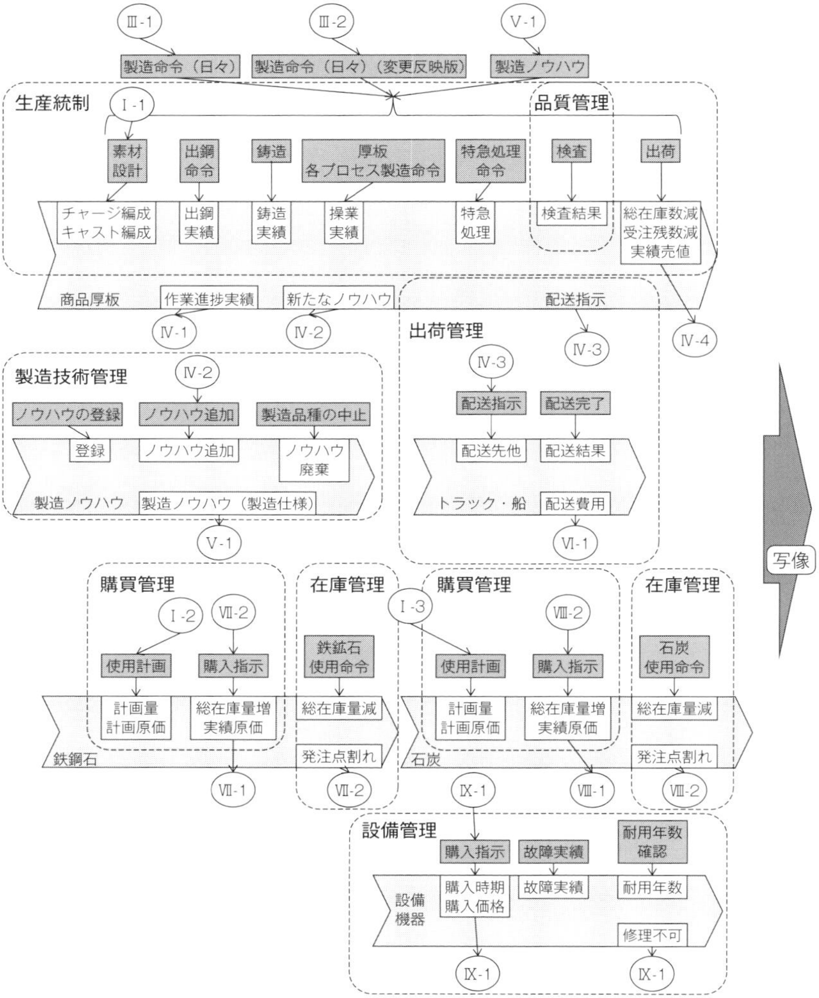

出所：筆者作成。

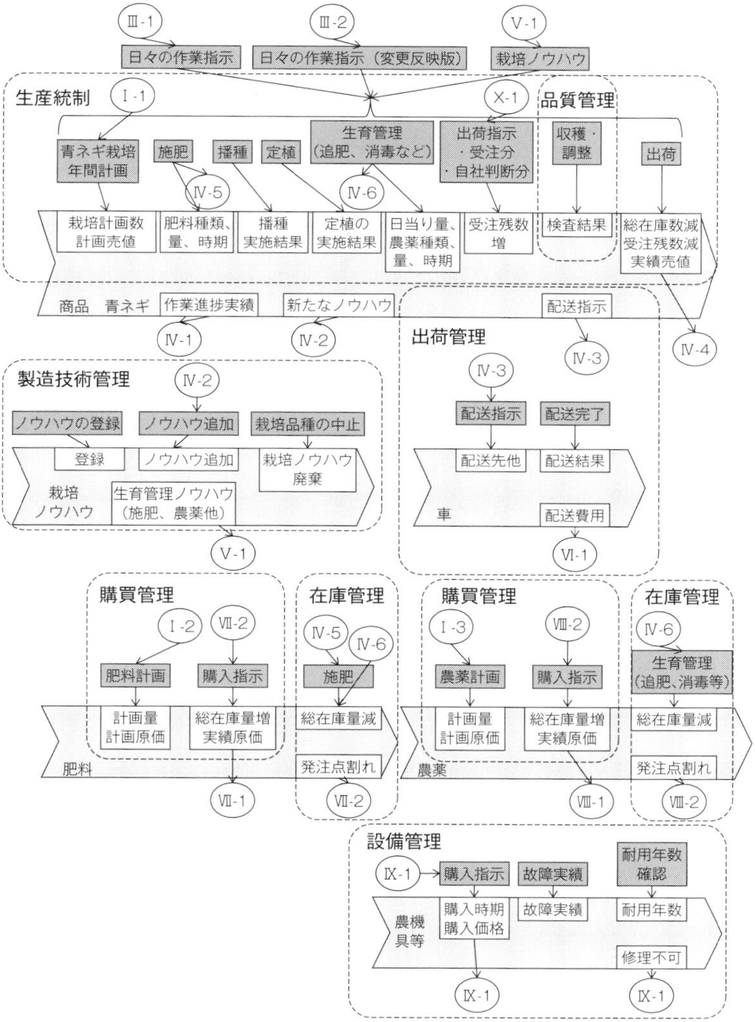

Ⅲ-1
日々の作業指示
Ⅲ-2
日々の作業指示（変更反映版）
Ⅴ-1
栽培ノウハウ
生産統制
Ⅰ-1
Ⅹ-1
品質管理
青ネギ栽培年間計画
施肥
播種
定植
生育管理（追肥、消毒など）
出荷指示 ・受注分 ・自社判断分
収穫・調整
出荷
Ⅳ-5
Ⅳ-6
栽培計画数 計画売値
肥料種類、量、時期
播種 実施結果
定植の 実施結果
日当り量、農薬種類、量、時期
受注残数 増
検査結果
総在庫数減 受注残数減 実績売値
商品　青ネギ
作業進捗実績
新たなノウハウ
配送指示
Ⅳ-1
Ⅳ-2
出荷管理
Ⅳ-3
Ⅳ-4
製造技術管理
Ⅳ-2
ノウハウの登録
ノウハウ追加
栽培品種の中止
登録
ノウハウ追加
栽培ノウハウ廃棄
栽培 ノウハウ
生育管理ノウハウ（施肥、農薬他）
Ⅴ-1
Ⅳ-3
配送指示
配送完了
配送先他
配送結果
車
配送費用
Ⅵ-1
購買管理
Ⅰ-2
Ⅶ-2
肥料計画
購入指示
計画量 計画原価
総在庫量増 実績原価
肥料
Ⅶ-1
在庫管理
Ⅳ-5
Ⅳ-6
施肥
総在庫量減
発注点割れ
Ⅶ-2
購買管理
Ⅰ-3
Ⅷ-2
農薬計画
購入指示
計画量 計画原価
総在庫量増 実績原価
農薬
Ⅷ-1
在庫管理
Ⅳ-6
生育管理（追肥、消毒等）
総在庫量減
発注点割れ
Ⅷ-2
設備管理
Ⅸ-1
購入指示
故障実績
耐用年数確認
農機具等
購入時期 購入価格
故障実績
耐用年数
修理不可
Ⅸ-1
Ⅸ-1

度、記録され管理される。

(6) 製造業のノウハウの農業への写像（手順5）

鉄鋼業のビジネス構造（動的モデル）の上に、需要予測、販売利益計画策定、生産計画、製造日程計画、オーダ（注文）管理（受注管理）、生産統制、出荷管理、売上管理、品質管理、製造技術管理、各種の購買管理、在庫管理、設備管理等のカバー領域を明示した。第4プロセスの「製造業の知見を農業へ生かすための全体俯瞰」で述べたように、たとえば上述の需要予測等に製造業のノウハウが凝縮されている。ここでいう製造業のノウハウとは、純技術的なもののみではなく改善のアプローチの考え方、進め方までを含む幅広いものである。

次のステップとして、農業法人のビジネス構造（動的モデル）を鉄鋼業のビジネス構造（動的モデル）と対比することで、需要予測等のそれぞれのカバー領域を写像できる。これにより、製造業のノウハウの農業ビジネスへの応用可能性の全体俯瞰をある程度可能としている。つまり、製造業のどの領域のノウハウが、農業のどの領域で生かし得るのかというヒントを得るための考え方を示唆している。写像する際は、製造業と農業それぞれのビジネスの動的な動きをシュミレーションしつつ行う必要がある。

(7) さらなる分析に向けて

上述の全体俯瞰を踏まえ、農業法人において製造業のノウハウを応用するための具体的な方向性を見定めることになる。

たとえば、製造業の生産形態は受注方式によって見込み生産、受注加工組立生産、個別受注生産、継続受注生産に分類できる。これは、需要予測から生産統制、出荷にいたるまでの広い領域に関係するものである。農業ビジネスにて、作物、顧客ニーズ、顧客との関係等により異なるであろうが、今後、どの受注方式をとれば生産効率、収益等の面でよいのかを考える参考となろう。

B社の青ネギは現在、見込み生産であるが、個別受注生産に移行させたいとの思いがある。個別受注生産により、在庫をもつことなく鮮度の劣化を防ぐことができ、無駄に栽培する必要もなくなる。売上の目処もたち利益計画も実現しやすくなる。しかしながら、これを実現するには、顧客から注文を栽培前に受注する必要があり、顧客からの事前注文のあり方、通常は市場で変動し決まる価格を事前にどのようにして設定するのかなどの検討が必要となる。

後述する農業の特質もあるなか、納期どおりに契約量を出荷できるようにする技術が求められる。見込み生産でいく場合も、製造業の流れが参考になろう。

品質管理の枠組み[118]としては、品質の見方として、①使用品質（使用者の品質に対する要求度合い）、②企画品質（顧客要求を満たすために狙いとする品質）、③設計品質（製品設計品質と工程設計品質）、④製造品質（設計品質を狙って製造した製品の実際の品質）がある。それを保証するための方法としては、品質機能展開、実験計画、QC工程表等がある。これを参考に、青ネギに顧客から求められる品質はどのようなものか、レベルはどの程度か、それを実現するために品質機能展開を行い、それを受けて設計品質としてどのような作りこみを計画するのか、それを受けて実際にそれを実現するには各工程で何をしていくのかなど、を整理していくことができる。

このように、全体俯瞰した結果をもとに、製造業と農業での仕組みを比較していくことにより、製造業のノウハウを生かして農業ビジネスの改善につなぎ得る。つまり、農業を企業化していくうえで、農業の仕組みを見直していくヒントが製造業に多く含まれていると考えられる。

118　克元亮編、井形元彦著（2009）『図解でよくわかるSEのための業務知識』日本能率協会マネジメントセンター。

図 30　見込み生産の流れ

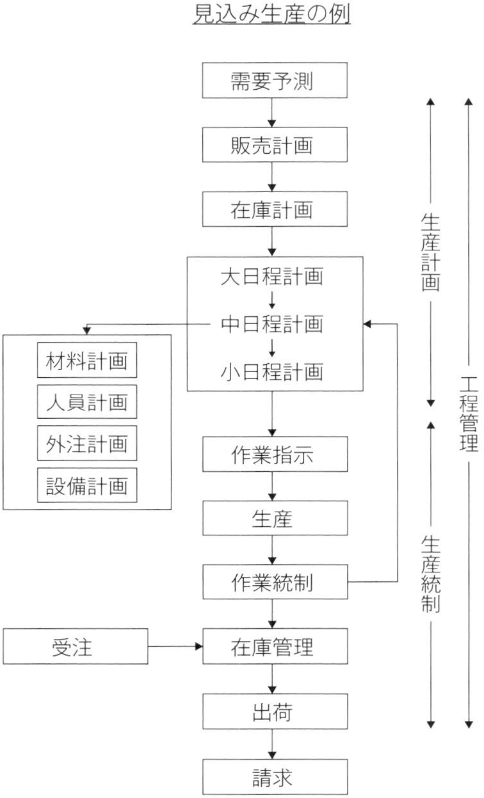

出所：克元亮編、井形元彦著（2009）『図解でよくわかる SE のための業務知識』日本能率協会マネジメントセンター刊を基に筆者作成。

第６章　分析と考察

本書では、中小零細の農家の現状を踏まえて、中小零細の農家（自給的農業や家族農業経営）がめざす一つの方向として企業化に焦点を当て、企業化を進め成長させていく過程を本書で提案する体系立ったプロセスに沿って詳細に分析していった。ここでは、企業化を維持・発展させていくうえでの要因について分析と考察を行う。

本書では、従来型の家族経営体から法人経営体に展開しているＡ社を調査研究対象とした。提案したプロセスにて把握できたことは次の通りである。「事業領域と使命」では、Ａ社の「事業の使命」「価値」「経営からの期待・方針」「商品」「商品動向」「顧客層」「顧客動向」「外部資源」「資源動向」「固有技術」「制約条件」他を明らかにし、事業全体を見える化している。「静的モデル」では、「販売・利益計画」「種子」「肥料」「農薬」「農機具」の外部資源、「圃場」「県外契約農家」「中国の自社農園等の内部資源」「栽培ノウハウ」「育種ノウハウ」「製品名づけノウハウ」「ラベルのデザイン力」等の固有技術、県内外市場・小売店等の販売関連の静的な関係を把握している。「動的モデル」では、ビオラの種子からその栽培工程、顧客への配送まで、さらに販売・利益計画、育種ノウハウ等の動的な関係を把握している。

以上をもとに、Ａ社の戦略マップを描き、さらに戦略マップで検討した個別の取組みを、品質機能展開の考え方を元に提案したステップにて評価した。これらにより、Ａ社が企業化し、どういう戦略のもとに成長してきたのかを浮き彫りにすることができた。

また、製造業の知見を農業に反映させるために俯瞰するためのアプローチについては、動的モデルと写像という考えをもとにＢ社を事例に提示し今後の示唆とした。

まず農業の特質を確認し、次に「第２章　先行研究のレビュー」「第３章農業先進国オランダの状況―平成29年度高知県・オランダ王国ウェストラント市先進農業視察を踏まえて」「第5章　事例研究」を踏まえて、企業経営の定義の観点、および農業企業化の存立基盤という観点から情報を再構成しつつ分析、考察を進める。

1. 農業の特質

農業の企業化を考えるうえで、考慮すべき論点として農業の特質を認識しておく必要がある。農業の特質は、通常の工業製品と比べると、以下の点にある。

生産するという点では、①種によって個体差があり年によって収穫量が異なる。②生産量・出荷時期の調整（生育を遅らせたり、早めたりすること）や予測が難しい。③気象等の自然条件に生産が左右される。④病気・虫等のリスク要因がある。⑤製造業のように標準化・規格化をめざした生産が難しい。商品という点では、⑥生鮮品であり商品寿命が短い。⑦重量や大きさが不揃い。⑧最寄り品である。販売という点では、⑨価格の決定権がないことが多い。これらの要因から結果的に収益が不安定な状態にある。

その他、木南（2001）は、農業経営におけるリスクを生産リスク、価格リスク他として整理している。また、リスク処理手段として耐病性品種の導入、多角化などをあげている。以降、工業製品との違いも考慮しながら分析、考察していく。

2. 農業の企業化の定義の観点からの分析・考察

本書における企業化の定義は、「企業的農業経営は、従来の一般的な家族農業経営とは異なり、①国民・消費者が求める需要に対し、②合理化や、③多角化等を通じて、④より質の高い財やサービスを生産し、⑤供給することが期待される新たな経営形態である」とした。この五つの観点から、得られたことを分析すると次の通りである。

(1) 国民・消費者が求める需要に対し（応えること）

事例企業では、主要顧客の性別・年代（主要顧客は30歳代から50歳代の女性）を把握し、顧客の好みの動向の把握に力をいれている（例：日本人女性はピンクが好みという方が多い等)。「(4) より質の高い財やサービスを生産」で述べるように新品種の開発で新たな需要を生み出している。新商品の拡大を実現するために、顧客がオリジナルの花を楽しめるようにすべく、大手の栽培はできないもの、オンリーワン商品、オリジナルな形・香りで日持ちのする花を開発している。

オランダ視察からいえることは、関税が無く、検疫上の制約も少ない、隣接したEU加盟国を主な顧客とし、新鮮で安全な農産物を食べたいというニーズに応えている[119]。たとえば、トマトはスペイン産等と比べ、鮮度、見た目、無農薬等の点でも品質が高い。ただ、スーパーマーケットでの品揃えは日本と比べると少ない。

以上のように、農業においても、他の産業と同様に市場が求める売れるものを作ることが企業の基本である。収益を上げるためには、高付加価値化やブランド化を図ることも大切であり、変化し続ける消費者のニーズに合致した新商品を開発し、マーケティング力を発揮して販路開拓を行っていくことが不可欠である。農産物の特性を考慮し、国民・消費者を意識した生産を行う必要がある。

(2) 合理化

事例企業では、コストを抑え利益の確保を実現するために、顧客がより安価に購入できるように、国内での種子確保はコストアップになるため、中国に自

119　井形元彦、桂信太郎（2018）「農業先進国オランダの優位性の考察―平成29年度高知県・オランダ王国ウエストランド市先進農業視察をふまえ―」『日本生産管理学会第47回全国大会講演論文集（愛知工業大学)』。

社農園を所有し対策をとっている。さらに、生産品目を限定する専門特化による、高付加価値化、低コスト・量産化に努めている。

オランダ視察からいえることは、「第3章　農業先進国オランダの状況―平成29年度高知県・オランダ王国ウェストラント市先進農業視察を踏まえて」において述べているように、日本として参考になることが数多くある。現場での改善の例でいえば、賃金の低い非熟練労働者（東欧やトルコからの外国人労働者）でも対応可能なように、生産品目の絞り込みによる農産物の規格化、作業の標準化、機械化を進めている。また、農業経営の大規模化を通じて機械稼働率を上昇させ、規模の経済によって生産性の向上を図っており、高収量品種の育種技術の開発にも取組んでいる。最もオランダの強みと考え得るのは、環境制御システムによる高度管理された施設栽培、パッキングや輸送の自動化など、製造業と同レベルの高度な生産管理システムである。

以上のように、農業が持続的に発展するためには、消費者のニーズに合致した商品を提供する、つまり付加価値の向上とともに、コストダウンが必要である。生産コストを常に管理し、収益の増加を図っていくことである。

国際的な競争力向上させるために、製造業においては生産の現場における作業の見直し活動、改善活動を基盤に情報技術を含む先端的な技術の開発・導入により、飛躍的な生産性の向上を実現してきた。農業においても、同様の取組みが期待される。GAP等に基づき生産工程を適切に管理し、作業改善に結びつけるのも大切と考える。継承してきた栽培ノウハウ（暗黙知）を見える化し、作業標準として整備すること。それにより、従業員が同じ基準、手順で作業ができるようになるとともに、ノウハウの伝承にも役立つ。製造業が有する生産工程管理システムのノウハウを積極的に取入れ、生産性を向上させることも重要である。その中には、発展が目覚ましいICTの活用も含まれる。これらにより、マネジメントの容易化を図ることもできる。労働負荷の軽減や栽培ノウハウの見える化により、農業未経験者の農業への進出の壁も低くなると思われる。

本書では、日本製造業の強みを「日本製造業の強み」（第2章）にて確認し、オランダ農業との対比から日本農業の弱みを浮きぼりした。それも踏まえて、製造業の知見を農業に反映させていく際の俯瞰について、製造業と農業をそれぞれ動的モデルに写し取り、製造業から農業へ写像することを提案し、今後の示唆とした。

(3) 多角化

事例企業では、高知県とオランダの友好園芸農業協定も背景にジェトロの支援を受けてエージェントと契約しヨーロッパでの販売に進出するなど、海外展開を進めている。

オランダ視察からいえることは、欧州の中央部に位置しロッテルダム港等の良港を有しているため、加工貿易（カカオ豆→チョコレート等）や中継貿易を行う有利さを活用している。また、外国から輸入した農産物の再輸出も行うなど国として多角化を実現している。

経済産業省は報告書「農業産業化支援について―ビジネスの基本的考え方と方向性―」[120]おいて、中長期的に競争力ある農産物の輸出を進めることで、農業生産を拡大させ所得を大幅に引き上げることができ、それにより食糧自給率も引き上げ可能である。さらに、ロット拡大によって生産や流通コストを削減し、値崩れも防ぐことができる、としている。したがって、成長するアジア経済への進出が、今後の日本全体の発展の重要な要素となる。

農産物の輸出に取組むことで、特に需要の増大するアジア市場のニーズに応えることで、多角化を促進させ企業化をより発展させることができると考える。

(4) より質の高い財やサービスを生産

事例企業では、顧客のニーズを把握し、大手の隙間を狙い、大手の作らない特殊なオンリーワン品種の開発に努めている。育種ノウハウ・新商品開発ノウ

120　経済産業省（2011a）『農業産業化支援について―基本的考え方と方向性―』。

ハウの固有技術の絶え間ない向上に努め、魅力的な花については農林水産省への品種登録も積極的に行いブランド力を高めている。花の愛称や POP の重要性も認識し工夫を凝らしている。

オランダ視察からいえることは、新鮮で安全な農産物を食べたいという市場ニーズに応えて高品質でリーズナブルな価格で EU 圏内の諸国に提供すべく、高度な施設園芸にて農産物を栽培し提供している。選択と集中を行い、トマト、パプリカ、キュウリなど高収益作物を栽培している。栽培施設の設置については、政府が規制もしているが、過剰生産のリスクもある。

以上、市場のニーズや消費者の評価を把握し、自社の商品の強みを生かして販売戦略を策定し商品開発を行うこと。マーケットインの視点に立ち、顧客のニーズをいかにして掴むか、さらにそれにどのように応えていくか、つまり常に変化し続ける顧客のニーズに合致した新商品の開発力がポイントとなっている。「1. 農業の特質」（本章）に述べているように、工業製品と異なり、新品種の開発に時間を要し、種によって個体差があり年によって収穫量が異なること、生産量・出荷時期の調整に制約がある等を考慮にいれる必要がある。より付加価値の高い農産物を生産から加工・販売に至るまで一貫して提供できる環境を整備していく必要がある。

(5) 供給する

事例企業では、県外に契約農家をもつことで質・量の安定供給を保証し、自然災害・病害虫等に対するリスクを分散している。販路を拡大するために、顧客の購入先の選択肢を増やすべく、県内・県外の市場、大手小売店、自社での通販、大手通販という販路を持っているさらに、海外にも進出している。

オランダ視察からいえることは、世界および欧州各国へのアクセスの良さを活用して、狭い国土に優れたロジスティクス設備（海運ではロッテルダム港、空運ではスキポール空港、陸運ではアムステルダム）を備えている。花卉では世界最大の花市場であるアールスメール花市場等の企業がオランダ国内に立地し、セリ、加工、販売等の農産物を輸出する上で不可欠な機能を担っている。

以上、供給という面で、販路開拓を行うためのマーケティング力が必須である。生産量を確保することで、量的質的両面において安定した出荷が可能になれば、小売事業者との直接契約など有利な販売が可能となる。系統出荷では、品質の良い農産物を出荷しても生産者が主導して価格を決めることができない。自社の農産物の特性を考慮した取引先、顧客をターゲットに栽培することで、顧客ニーズにマッチした商品供給を実現でき、販売単価の交渉力を得ることや流通コスト低減により、収益向上を図ることができる。

総括すると、次のようになる。

①「顧客ニーズに合致した商品（新商品を含む）を質、量ともに安定的に供給すること」を実現する高いレベルの生産技術を保有、向上させること。

・栽培現場での変化を事前に察知し対応を可能とする。栽培現場での変化を迅速に精緻に把握し、適正に対応。

・常に変化し続ける消費者のニーズに合致した新商品の開発力。

・販路開拓を行うためのマーケティング力。

②　経営目標を達成するために、農業生産に関する利活用可能なコスト的にも適切な技術（農業機械、IT 等）を検討・導入すること。

③　人材の育成・確保、経営体としての経営継承、教育・研修。

・経営の大規模化による従業員数の増加に対応する人材育成。

・経営の大規模化・高度化に伴う、マネジメントのできる管理者の育成によるマネジメントの仕組みの構築。

・戦略を実現するための仕組み構築と人材の育成。

・現場主導での生産性向上活動や品質向上活動を定着させ、変革意識・改善意識を根付かせる（製造業での改善 QC 活動に相当）。

・農業の成長産業化の基盤は人材に他ならず、農業に関する専門的な知識に加え、経営を担える人材の育成が不可欠。

④　上記を実現するために、従業員の雇用形態を期間雇用から正規雇用という形態とすることも必要であろう。

3. 農業企業化の外部的基盤という観点からの分析・考察

上述の農業の特質を踏まえた上で、今回の研究およびオランダ農業の視察での分析結果をもとに自給的農業経営とは異なる農業企業化の存立を支える外部的基盤を考察する。

国の施策としては、①農地集約による生産規模の拡大を推進する施策、②農産物の海外販売を支援する輸出促進策、③農業に関する専門的な知識とともに、経営・財務の的確な管理、市場ニーズの把握方法等の「経営力」を有する農業経営者の関係機関が連携することによる育成、④生産・流通・販売・輸出等の事業段階における連携強化の仕組み作り、さらに⑤高い資金力、優れた経営感覚を持つ企業の農業参入の促進も必要であると考える。農業競争力強化支援法（平成29年（2017年）5月19日に公布、8月1日に施行）では、農業が将来にわたって持続的に発展していくためには、農業の構造改革を推進することと併せて、「良質で低廉な農業資材の供給」や「農産物流通等の合理化」といった、農業者の努力だけでは解決できない構造的な問題を解決していくことを重要視し、農業資材事業や農産物流通・加工事業の事業再編等を促進するための措置を講ずると述べている。

一方、農業経営者としては、高付加価値化、六次産業化を実現するために、観光、食品産業をはじめ、農業と親和性の高い他分野との連携を図ることも必要であろう。

オランダの事例をみてみると、国の施策として狭い国土に優れたロジスティクス設備（海運ではロッテルダム港、空運ではスキポール空港、陸運ではアムステルダムから欧州各国へつながる鉄道や高速道路）が整備されている。さらに、農業・食品関連産業クラスターの形成を促進させ、農産物の生産から加工や流通に至るまであらゆる場面でのイノベーションを可能にしている。産学官の連携等によりイノベーションを推進するために、ヴァーヘニンゲン大学研究センターが拠点となり、ビジネスニーズに合わせた研究を実施しゴールデントライアングルと呼ばれる国（政府）、研究機関（大学）、民間企業の3者が連携した研究・開発を可能とするクラスターの形成を促進している。また、賃金の低い東欧やトルコからの外国人労働者の活用の仕組み、農産物の需給をコントロールするために農業用施設の数を政府が規制している。

一方、農業経営者としては、農業を経営するための農産物栽培や栽培設備、経営等のノウハウ提供に対して適切な対価を支払うことで、農業施設や制御システムに精通した農業コンサルティング企業と制御システムメーカが連携する市場を育てている。日本と同様に、オランダでも以前は公立の農業普及機関による無償サービスが行われていたが、必ずしも高い水準ではなかった。それが、オランダでは有償サービスとなり顧客である農業法人から厳しい要求を受けるようになった結果、レベルが向上し、民間の農業コンサルティング会社や試験場が収益事業として実施することが普通となっている。

4. 農業企業化の存立基盤の概念

先行して企業化（法人化）を果たし成長している企業を対象に、提案する分析枠組みで分析してきたが、ここで農業の企業化に向けたソリューション的なものを見出したいと思う。調査・分析してきた内容を農業企業化の存立基盤として概念図を示す。

種によって個体差があり年によって収穫量が異なること、生産量・出荷時期の調整（生育を遅らせたり、早めたりすること）や予測が難しいことなど、工業製品とは異なる農業としての特質が生産、商品、販売のそれぞれにおいて存在しており、それを踏まえて企業化を進め発展させていく必要がある。

自給農業から利潤を追求し社会的な責任を果たす立場になることから、当然、家計と経営を分離すること、農業に関する知識のみならず経営に関するノウハウを習得することにより、企業経営を進めていくことである。その際、以降に述べるように管理範囲の拡大に伴い各種のマネジメント手法を身に付け活用していくことになる。

まず、自らのマーケティングにより消費者の農産物に対するニーズを的確に捉えることが必須であり、それを商品化していく開発力が求められる。つまりマーケティングが重要な第一歩となる。八木は「新しい農業経営の特質とその国際的位置」の中で、従来の自作経営などとは異なる新しい農業経営の特質の一つを、「マーケティングをベースにおいた経営である」と述べ、マーケティングを「新製品の開発から生産された商品が、最終消費のところに至るまで関係する一切の事業活動」と定義している。

マーケティングの成果を踏まえて、消費者に満足していただける質で安定的に栽培し、市場に一定の量を供給していく必要がある。これにより、安定した販路の開拓・確保が可能となる。

消費者ニーズに合致した商品作りとその開発力は、高度な栽培技術の不断の研究・導入にある。オランダの事例にも実践されているが、情報技術を含む栽培を支えるさまざまな技術を取り込んでいき、質・量の面から安定的で競争力のある価格で顧客に提供していくことを可能にすることである。その際、投資・効果を十分に勘案して技術を採用していかなければならない。これを支えるものとして、従業員が継続して仕事に取組める雇用環境を整えることである。

さらに、高付加価値な商品の開発・提供、六次産業化のためにも、大学、研究機関、業種の違う企業等々、多様な組織と連携・組織化していくことになる。多角化という点で、国の施策にもあるように、またA社の事例にみるように海外市場をめざすことも経営戦略の中に入るであろう。

外部的基盤として、国・関係団体の推進する農地集約による生産規模の拡大による生産コスト削減・販売力向上、生産・流通・販売・輸出等の事業段階における連携強化による多角化の促進、「良質・低廉な農業資材の供給」「農産物流通等の合理化」等の構造的問題の解決などが、農業の企業化をさらに支えていくことになる。

ここで、改めて「農業でいう企業化」とは何かを確認をしておきたい。農業の企業化とは、生産量・出荷時期の調整や予測が困難等々の農業の特質を踏ま

図31　農業企業化の存立基盤（支えるもの）の概念図

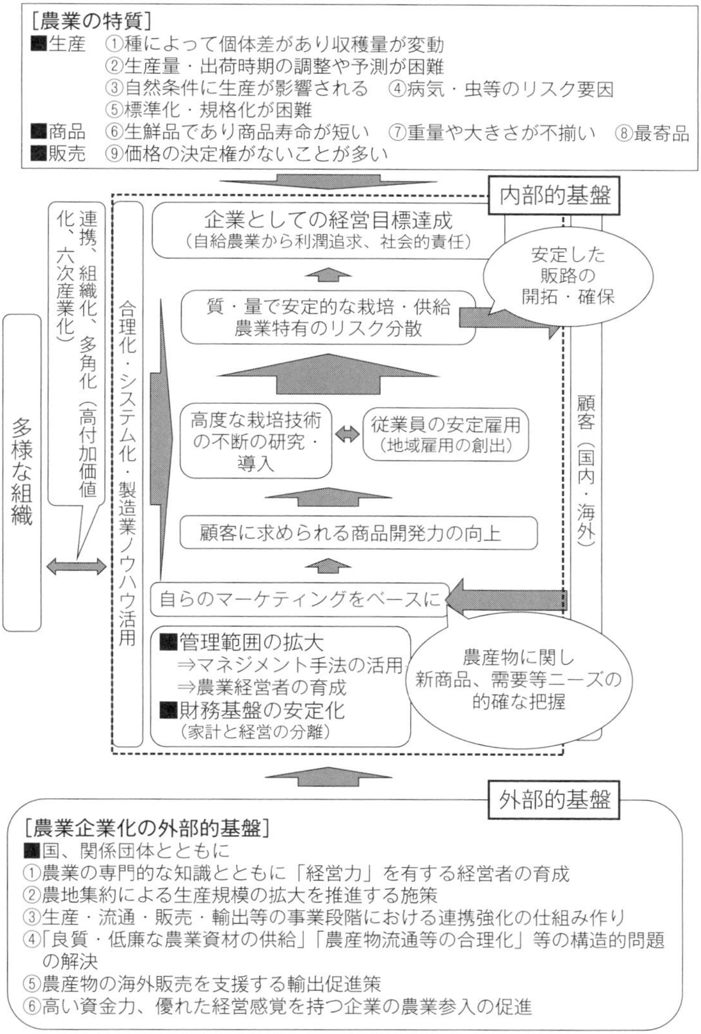

出所：筆者作成。

えて、自給農業から利潤追求、社会的責任を果たすことのできる企業としての経営目標を達成するための活動ということになる。企業として、それを実現するための取組みとしては、先に述べたような管理範囲の拡大に伴うマネジメント手法の活用等々が存在することになり、それらを内部的基盤と名づけた。一方で、農業の企業化を促進させるためには、国の施策等での企業経営者の育成、生産・流通・販売・輸出等の事業段階における連携強化の仕組み作り等々があり、それらを外部的基盤と名づけている。ここでいう内部的基盤と外部的基盤の相互の連携が農業の企業化を支えるうえで重要となる。

第7章　研究のまとめ

先に述べたように、日本の農業は、食糧管理法（1942年）、農地法（1952年）、農業基本法（1961年）によって長らく保護政策の中にあった。ガット・ウルグアイ・ラウンド農業合意（1993年）により、農業保護政策は大きく見直されることになったものの、その後も農業者戸別所得補償制度など変遷を経ながら保護されてきたところがある。そしてようやく、改正農地法（2009年）により株式会社でも農地を借りられるようになり、農業生産法人の要件も緩和することで農地集積・生産性向上の方向に動き出している。そういう環境の中において、先行して企業化（法人化）を果たし成長している企業を対象に、提案する分析枠組みで調査・分析し、農業の企業化を進める要因を浮きぼりにすることに努めた。

具体的には、概念データモデリング、戦略マップ、品質機能展開の視点を統合した方法論（「分析の枠組み」）を提示した。新たに提示した分析枠組みを実在する農業ビジネスに適用することにより、①農業ビジネスの仕組み・特徴・問題点の把握、②概念データモデリングから戦略マップに展開することによる企業目標と整合性をとった戦略項目の把握、③さらに、品質機能展開の思考に則ることによる戦略項目の重要度の見える化を行った。本書では、この枠組みに沿った調査・分析、オランダ視察での調査・考察、その他調査により、農業の企業化に向けたソリューションを見出そうと試みた。

1. 学術的含意および実践的含意

本書の意義を学術的含意と実践的含意の点から述べると、次の通りである。

学術的含意としては、CiNiiでの論文検索によれば、「農業　企業」では2,563件、「農業　企業化」では63件に絞り込まれる。同様のことを日本農業経営学会（1948年に発足した「農業経営研究会」を前身とし、1983年に学会組織を整備して現在に至っている。農業経営に関する理論およびその応用を研究し、もって学術・文化ならびに農業経営の発展に寄与することを目的としている）の論文誌「農業経営研究」では、「企業」では592件、「企業化」では31件である。研究内容を概観すると、当初は企業的農業経営という表現で家族経営的農業経営との違いを論じる論文が多いが、徐々に農業経営の企業化（法人化）についての意義議論を経て、最近は企業化の実態調査、企業化を進める上での人材育成などの研究がある。雑誌類では農業の企業化の事例紹介や企業化を勧める記事はある。一方、地域活性学会の研究誌「地域活性研究」おいては、過去6年間（Vol.3（2012年3月発行）からVol.8（2017年3月発行））までを調査したところ、六次産業化2件、植物工場関連1件、農業ビジネス活性化1件（筆者執筆）であり、「農業 企業化」に関する論文はみあたらない。日本経営学会の日本経営学会誌においても過去5年間（Vol.29（2012年）からVol.37（2016年））までを調査したが、農業に関わる論文は存在しなかった。学会報告において、農業に関連するものが散見されるレベルにある。また、日本生産管理学会の『日本生産管理学会誌』（1995年Vol.1, No.1～2019年Vol.1, No. 2まで）や英文誌International Journal of Japan Society for Production Management（2012 Vol.1, No.1～2018 Vol.1, No.1）も同様に、本研究のような農業への援用アプローチは、筆者らによるもの以外には存在しなかった。したがって、一つの体系（分析枠組み）に沿って農業の企業化の実態を調査・分析を進める研究は未開拓の分野である。

実践的含意としては、本研究は、理論と実践の相互作用の観点より農業を詳細に分析し、より具体的に、農業の企業化について展開したものである。これを通して、次のことを明らかにしている。

(1) 農業経営を企業化し経営目標（自給農業から利潤追求、社会的責任）を達成するための、内部的基盤（企業内部で取組むこと）および外部的基盤（外部から支えること）の各要素を明確にし概念として提示した。
(2) 農業経営の事業化プロセスの詳細な分析をもとに、内部的基盤および外部的基盤の相互連携の重要性と各要素間のメカニズムも明らかにした。

(3) これにより、中小零細農家が企業化し、継続的に活動するための実践的な方向性を明らかにした。

可能性を探る意味で、製造業知見の農業への反映という点で、動的な側面から農業と製造業を分析・写像することにより全体俯瞰する考え方を提案した。

2. 今後の課題

(1) 研究の対象について

農業といっても、中小零細の農家（参考：日本では、農産物販売金額規模 1,000 万円未満が 90%、3 億円未満で 99%を占める）が大多数ではあるが、規模のレベルで農業の企業化における存立の要因とメカニズムが異なる可能性がある。また、農業の中でも耕種農業以外（畜産農業、農業サービス業等）においては、企業化における存立の基盤とメカニズムも異なる可能性がある。

今後、研究の対象を広げて、企業化における存立の基盤とメカニズムを調査・研究することも意義があると考える。

(2) 研究成果の適用について

農業の企業化に向けたソリューションとして、農業企業化の存立基盤の概念を提案した。この考え方を農業ビジネスに具体的に適用することで、企業化の促進、企業としての発展に生かすことにも取組めればと考えている。それを通じて、理論と実践の相互作用による理論のレベルアップにもつなげていきたい。

ところで、高知県農業振興部農業政策課「高知県農業の動向（平成 30 年度）」によれば、2010 年産業別の就業人口 336 千人の内、農業従事者の占める比率は 10%であり、全国の 4.4%にくらべて高い。農業就業人口（販売農家）の推移は毎年減少し、2015年は2010年に比し2.5万人減少している。さらに、年齢別構成比は65歳以上の比率が毎年上昇し、2015年は2010年に比し17%増加という厳しい状況にある。農業販売金額1,000万円未満の経営体数の割合は2010年88.5%、2015年87.1%と1.4%減少しているが、まだまだ1,000万円未満の経営体が多い。

高知県は、次世代型こうち新施設園芸システムとして農業先進国のオランダの先進技術の普及を進めている。この活動に加え、農地集約による生産規模の拡大、多様な企業との連携の仕組み、海外販売の支援等、図31に示す外部的基盤を強化していくことが肝要である。内部的には、企業としての経営目標達成に向けたマネジメント力、マーケティング力および商品開発力の向上などに自ら取組むことが重要であろう。

(3) 研究のアプローチ方法について

次に述べるような分析枠組みを軸に、対象企業を調査・分析していった。さらに、オランダ農業の視察で得た内容、その他の情報も踏まえ、農業の企業化について考察した。経営情報論の要求工学を背景にした概念データモデル（事業領域と使命、静的モデル、動的モデル）を核にして、キャプランとノートンのバランスト・スコアカード（BSC）の理論である戦略マップ、品質機能展開の理論を統合させたという特徴を持っている。

このプロセスを通して企業を調査、分析することで、「事業領域と使命」にて事業使命、外部資源、製品、コアコンピタンス等の各要素を明確にし、「静的モデル」にてビジネス対象世界の構成を把握し、さらに「動的モデル」にて企業の動的な振る舞いを把握することができた。さらに戦略マップとの統合で企業の戦略的な取組みをおさえ、次にその重みも見える化した。この分析プロセスを通して、農業ビジネスを企業化するうえでの要因の抽出を行った。本研究では、オランダの先進的な農業の視察内容、その他の情報もあわせて、農業の企業化について考察を進めた。

農業の企業化をより進め農業を高度化するために、日本の製造業の強さを農業でも生かしていくことが一つの方策である。この点で、一局面から特定の技術の導入の事例が最近はよくみられるが、本書では第4プロセスにて大局観をもって捉えるために次のアプローチを提案した。つまり、「製造業の知見を農業へ生かすための全体俯瞰」という意味で提案したアプローチは、日本の製造業の強みを農業に反映させる契機として、全体を俯瞰しようとするものである。このアプローチは、概念データモデル設計法の動的モデルに製造業と農業のそれぞれを写し取り、二つのモデル間に写像という概念を提案した。

また、農業の企業化を発展させていくうえでは、市場の動向をいかに掴むかも大きなポイントである。今後の新たなマーケティング展開の一つとして、本書ではふれないが、感性工学と脳機能におけるニューロマーケティングとの観点からの新たなアプローチも大きなテーマであり、今後とも継続的に調査研究を進めていく価値があると考えている[121,122]。

121　井形元彦、繁桝博昭、桂信太郎（2018）「感性工学および認知神経科学の観点からみる花卉マーケティング戦略への新たな可能性」『組織学会大会論文集』*Transactions of the Academic Association for Organizational Science 2018*, Vol.7, No.2, pp.299-304.

122　Igata, M., H. Shigemasu and S. Katsura (2019) "Possibility of Applying Neuro-marketing to Flower Business—Based on Analysis of Lilies—," *International Journal of Japan Society for Production Management*, Vol.7, No.1, pp.51-59.

推薦の言葉

一色　浩一郎

（カリフォルニア州立大学ポモナ校経営管理学部教授）

本書『地域活性化のための戦略的農業経営―概念データモデルによる創造的アプローチ』のご出版をとてもうれしく思っています。私は妻や息子や孫とともにアメリカに在住しながら、40年以上カリフォルニアの大学で教鞭をとっています。卒業生には、起業家、ビジネスマン、研究者などが多く、教え子は世界中で活躍しています。ヨーロッパや日本の大学でも客員教授として教鞭をとる機会が多くありました。過去何十年にわたって、有力な経済団体や大手企業において講演をする機会も数多くありました。

その経験から、今の日本に対して少なからず心配していることがあります。日本の高度成長時代を支えてきた日本企業の国際競争力が低下している影響が多方面に顕著に表れています。世界の潮流が変化して、消費者が求めているような新しいITビジネスがいくつも起こって成果を上げていますが、日本は規制によって国内への流入を意識的に妨げています。このようなことは、グローバルスタンダードでは通用しないことは、いうまでもありません。今後、ますますこの流れは加速するでしょう。歴史的にも日本の社会構造は変化を好みませんが、大きな社会変革を起こして、消費者のニーズにもっと柔軟に対応できるようになる必要があります。そのためには、アメリカのITの動向を注意深く観察して、標準的方法論（メソドロジー）を大いに勉強する必要があります。

私の専門である要求工学（Requirement Engineering）の一手法である概

念データモデル（Conceptual Data Modeling）を援用して、製造業はもとより農業など他の産業の活性化を志向するという挑戦的な試みは、大いに意義があります。これまでアメリカの農業は、大規模化や効率化を志向してきましたが、近年は一方で、消費者の安全欲求や健康志向のニーズが大きく、有機無農薬の農産物のニーズはとても高くなっています。今後はますますITがあらゆる生活産業に浸透していくことが明らかですので、様々な消費者の要求にこたえていきながら、生産性の高いマネジメントが求められることは明白です。

桂先生は、まだ大学生だった25年前に、私の大学に来て、University Villageに住みながら私のクラスを受講しましたし、アシスタントもしてくれました。また数年前、カリフォルニアの私の自宅と大学において、著者の井形先生と桂先生と私で、以下の本を引用しながら要求工学の議論をしました。

Software Requirements: Practical Techniques for Gathering and Managing Requirements Throughout the Product Development Cycle. by Karl E Wiegers.

こうした経験が本書に生きていると思います。

カリフォルニアから、永年にわたって深い親交のある親愛なる井形元彦先生と桂信太郎先生、そしてみなさんのご活躍を祈っております。

カリフォルニア州の自宅にて

Dr. Koichiro Isshiki, Professor
Computer Information Systems Department
California State University, Pomona

January 30, 2020

推薦の言葉

那須　清吾

（高知県公立大学法人高知工科大学学長特別補佐／大学院起業マネジメントコース長・教授、地域活性学会常任理事／副会長、NPO 法人社会貢献研究所理事長、株式会社グリーンエネルギー研究所代表取締役社長）

地方創生は、近年、国の重要課題となっているものの、少子高齢化や都市部への人口流出、地方の経済力の低下に歯止めがかかっているとは言い難いのが現状である。

我々の在住する高知県は、少子高齢化などの社会問題が全国に先駆けて進んでいる課題先進県であるという認識を持っている。今後、全国で生じるであろう課題を先んじて経験しており、我々は先んじてその適応方法を考えているという自負を持っている。

地方を調査研究する者は多いが、そのうち地方に移住して来た研究者が「住んで初めて、地方の課題構造が理解できた」と言う者が多い。本当の意味での深い地域理解に基づく適応方法の調査研究は少ないのではないだろうか。

高知県はインフラ等の企業立地条件で競争性が低く、県土の 84％を森林が占めるうえ、主要な地域資源が農産物や森林や自然であるなど、地域再生には厳しい条件が備わっている。農林水産業の活性化は、特に重要な課題である。

本書は、こうした問題意識に基づいて、筆者らが時間をかけて丁寧な参与観察に基づく調査分析を行い、身近に存在する経営者や利害関係者と入念な対話を行うことで得られた知見を盛り込んだものである。研究上の課題はいくつか残されているものの、今後さらに継続的に調査を行いながら、近い将来、地方に在住する志ある若者の起業する農業生産法人が、さらに効率よい生産性の高いマネジメントを戦略的に実践できる一助となるように祈っている。今後の益々のご発展を心より祈念申し上げたい。

おわりに

本書をまとめるにあたり、多くの方々からご指導、ご支援をいただきました。心より感謝申し上げます。

研究の道に入りましたのは、高知工科大学に職を得て間もなくのこと、経済・マネジメント学群の桂信太郎教授との出会いが契機であります。先生とともに地域の企業を調査するうちに、農業分野に関心をもち研究テーマを見つけることとなりました。桂信太郎教授には主指導教員になっていただき、日々、大局的な観点から研究の指導をしていただきました。

高知工科大学大学院起業マネジメントコース長である那須清吾教授（高知工科大学学長特別補佐）からは、現状のレベルに満足せず、常に向上心を持ちながらレベルアップを志向するように助言を賜り、研究に対する厳しい姿勢を学ばせていただきました。経済・マネジメント学群長の渡邊法美教授からは、常に研究を前に進める上での有益な助言、励ましをいただきました。関西学院大学名誉教授であり関西外国語大学教授でおられる福井幸男先生におかれましては、日本生産管理学会の会長としてもお忙しい中、関西から高知へなんどもお越しいただき、研究のあり方も含め幅広くご指導をいただきました。高知工科大学情報学群の高田喜朗准教授からは、ソフトウェア工学演習にて概念データモデルの講義・演習の場を提供いただき、農業の企業化の調査・研究に概念データモデルの考え方を生かすきっかけを得ることができました。

本書の分析枠組みの中核となりました概念データモデルの考え方につきましては、筆者が製鐵会社、その情報システム会社に勤務している時期に出会いました手島歩三氏（ビジネス情報システム・アーキテクト代表）に直接手ほどきを受けたものです。また手島氏には、桂信太郎教授との出会いのきっかけもつくっていただきました。ここに深謝の意を表します。その他、研究を進めるうえで、ご協力いただきました複数の農業法人の関係者の皆様にお礼申し上げます。

最後に、本書出版をお引き受けいただきました千倉書房の神谷竜介編集部長および編集部の山田昭様に感謝申し上げます。本書の執筆を粘り強くご支援いただきました。ご協力いただきました皆様に感謝申し上げますとともに、本書の文責は筆者にありますことを申し添えます。

2020 年 1 月

筆者

参考文献

【著書】

青島矢一、加藤俊彦（2012）『競争戦略論』（第 2 版）東洋経済新報社。

赤尾洋二（1993）『品質展開入門』日科技連出版社。

安保秀雄著、日経コンピュータ編（2011）『IT による業務変革の「正攻法」JFE スチールの挑戦』日経 BP 社。

石倉洋子、藤田昌久、前田昇、金井一頼、山崎朗（2003）『日本の産業クラスター戦略：地域における競争優位の確立』有斐閣。

占部都美編（1980）『経営学辞典』中央経済社。

エーベル，デレク・F 著、石井淳蔵訳（2012）『「新訳」事業の定義―戦略計画策定の出発点』碩学舎。

大泉一貫（2014）『希望の日本農業論』NHK 出版（NHK ブックス 1219）。

大西淳監修、妻木俊彦、白銀純子著（2009）『要求工学概論：要求工学の基本概念から応用まで』近代科学社。

大野耐一（1978）『トヨタ生産方式：脱規模の経営をめざして』ダイヤモンド社。

克元亮編、井形元彦著（2009）『図解でよくわかる SE のための業務知識』日本能率協会マネジメントセンター。

桂信太郎、那須清吾、永野正朗（2015）『地方のための経営学：高知発、地域ビジネス創造から事業化へ』千倉書房。

岸川善光編、朴慶心著（2017）『経営情報要論』同文舘出版。

清成忠男（2010）『地域創生への挑戦』有斐閣。

経営情報学会システム統合特設研究部会編（2005）『成功に導くシステム統合の論点―ビジネスシステムと整合した情報システムが成否の鍵を握る』日科技連出版社。

高知工科大学大学院起業家コース編（2009）『農業ビジネス学校：「自立する地域」への 7 章』New York Art、丸善出版。

高知工科大学マネジメント学部編（2010）『地域活性化のためのビジネス方法論』高知新聞社。

小島廣光（1998）『非営利組織の経営：日本のボランティア』北海道大学図書刊行会。

児玉正憲（1996）『生産・在庫管理システムの基礎』九州大学出版会。

ゴールドラット，エリヤフ著、三本木亮訳（2001）『ザ・ゴール：企業の究極の目的とは何か』ダイヤモンド社。

坂本光司、杉山友城、南保勝（2003）『データでみる地域経済入門：地域分析の経済学』ミネルヴァ書房。

櫻井通晴監訳、キャプラン，ロバート・S、ノートン，デビッド・P 著（2001）『キャプランとノートンの戦略バランスト・スコアカード』東洋経済新報社。

澤田善次郎（1994）『CIM と経営管理』日刊工業新聞社。

ジョン・マッキー、ラジェンドラ・シソーディア著、野田稔解説、鈴木立哉訳（2014）『世界でいちばん大切にしたい会社：コンシャス・カンパニー（Harvard Business School Press）』翔泳社。

田邉正、桂信太郎著、那須清吾監修（2018）『これからの農業経営—会計の意識・知識を経営に活かす』千倉書房。

玉木欽也（1996）『戦略的生産システム』白桃書房。

土屋守章（1994）『現代経営学入門』新世社。

手島歩三編、松井洋満、南波幸雄、安保秀雄、小池俊弘著（2011）『働く人の心をつなぐ情報技術—概念データモデルの設計』白桃書房。

遠山暁、村田潔、岸眞理子（2003）『経営情報論』有斐閣。

西村清彦監修、御園慎一郎、大前孝太郎、服部敦編（2007）『地域再生システム論：「現場からの政策決定」時代へ』東京大学出版会。

ニーブン，ポール・R（Niven, Paul R.）著、松原恭司郎訳（2004）『ステップ・バイ・ステップ バランス・スコアカード経営』中央経済社。

日本生産管理学会編（1996）『トヨタ生産方式（生産管理理論と実践；11）』日刊工業新聞社。

野中郁次郎（1990）『知識創造の経営：日本企業のエピステモロジー』日本経済新聞社。

——、廣瀬文乃、平田透（2014）『実践ソーシャルイノベーション：知を価値に変えたコミュニティ・企業・NPO』千倉書房。

バーナード，C・I著、山本安次郎、田杉競、飯野春樹訳（1968）『新訳 経営者の役割』ダイヤモンド社。

人見勝人（2011）『生産システム工学：総合生産学への途 入門編（第5版）』共立出版。

廣光清次郎（1993）『JUNETと広域コンピュータネットワーク』広島修道大学総合研究所。

福井幸男編（2006）『新時代のコミュニティ・ビジネス』御茶の水書房。

福嶋路（2013）『ハイテク・クラスターの形成とローカル・イニシアティブ—テキサス州オースティンの奇跡はなぜ起こったのか』東北大学出版会。

藤本隆宏（2001）『生産マネジメント入門Ⅰ【生産システム編】』日本経済新聞社。

——（2003）『能力構築競争：日本の自動車産業はなぜ強いのか』中央公論新社。

——（2004）『日本のもの造り哲学』日本経済新聞社。

——（2012）『ものづくりからの復活：円高・震災に現場は負けない』日本経済新聞出版社。

宮川公男、上田泰編（2014）『経営情報システム〈第4版〉』中央経済社。

柳孝一（2004）『ベンチャー経営論：創造的破壊と矛盾のマネジメント』日本経済新聞社。

【論文等】

安保秀雄、手島歩三、桂信太郎、井形元彦（2015）「企業情報システムの現状と課題、解決事例：企業や地域ビジネスを活性化した情報活用例を提示」『四銀経営情報』第142巻，10-27頁。

井形元彦、正本順三、桂信太郎（2013）「日本産業の国際競争力」『四銀経営情報』第132巻，1-22頁。

——、桂信太郎（2014）「農業ビジネスの活性化に向けたアプローチに関する一考察」『経営学論集』第85集、日本経営学会。

——、桂信太郎（2017）An Overview of the Application of Know-how included in Manufacturing Industry to Agricultural Business,『経営学論集』*The Annual Bulletin of Japan Academy of Business Administration*, Vol.88，日本経営学会。

——、桂信太郎（2018）「農業先進国オランダの優位性の考察—平成29年度高知県・オランダ王国ウエストランド市先進農業視察をふまえ―」『日本生産管理学会第 47 回全国大会講演論文集（愛知工業大学)』。
――、繁桝博昭、桂信太郎（2018)「感性工学および認知神経科学の観点からみる花卉マーケティング戦略への新たな可能性」『組織学会大会論文集』*Transactions of the Academic Association for Organizational Science 2018*, Vol.7, No.2, pp.299-304.
石井淳蔵（1983)「戦略計画の出発点としての事業定義」『同志社商学』第 34 巻第 5 号，605-627 頁。
石崎忠司（2001)「農業経営の企業経営化：生業的経営から企業家的経営へ」『農業経営研究』第 38 巻第 4 号，34-41 頁。
市川治（2005)「集落営農の法人化の意義と経営展開の課題」『土地と農業』第 35 巻，23-41 頁。
伊藤元昭（2016)「第 1 回オランダの奇跡と日本の新たな可能性」『テレスコープマガジン』No.012，3-5 頁。
内山智裕（2011)「農業における「企業経営」と「家族経営」の特質と役割」『農業経営研究』第 48 巻第 4 号，36-45 頁。
大島眞（1988)「巻頭言」『川崎製鉄技報』第 20 巻第 2 号。
大杉賢三、黒木靖生、増田行治、財部忠夫（1988)「当社における情報システム構築の概要」『川崎製鉄技報』第 20 巻第 2 号，89-94 頁。
大前研一（2016)「温室よりも PC 操作。オランダ農業がスマートアグリである理由」『Biblion：ビブリオン』1-7 頁。
岡林俊宏（2015)「オランダとの技術交流を生かした、高知県の次世代施設園芸と後継者育成」『野菜情報』130 号，39-45 頁。
小田滋晃、長命洋佑、川﨑訓昭、長谷祐（2013)「次世代を担う農企業戦略論研究の課題と展望」『生物資源経済研究（京都大学)』第 18 巻，43-60 頁。
金間大介、野村稔（2014)「農業をめぐる IT 化の動き―データ収集、処理、クラウドサービスの適用事例を中心に」『科学技術動向』1・2 月号，13-18 頁。
金田重郎、吉田和正、吉澤憲治（2009)「概念データモデリングへの意味論からの接近」『情報処理学会研究報告情報システムと社会環境（IS)』32（2009-IS-107）号，31-38 頁。
川井大輔、山崎富広（2013)「農業分野における ICT 利活用までの道のり」『FUJITSU』第 64 巻第 1 号，88-94 頁。
木南章（2001)「農業経営の外部環境のマネジメント」『農業経営研究』第 38 巻第 4 号，15-23 頁。
隈正雄（2005)『条件適応理論による企業情報システム機能選定方法論』筑波大学提出博士（経営情報学）学位論文（甲第 3841 号)。
経団連産業政策本部（2012)「企業の生産管理のノウハウを活かして農業の食品産業化につなげる：生鮮野菜の調達・販売～ニチレイアグリ」『月刊経団連』4 月号，44-45 頁。
後藤一寿（2001)「企業的農業経営における経営成長・発展要因に関する一考察：「経営者意識に関するアンケート調査」の分析」『農業経営研究』第 39 巻第 2 号，31-34 頁。
酒井富夫（2011)「農業における「企業経営」発展の論理と展望」『農業経営研究』第 48 巻第 4 号，7-16 頁。
新開章司（2008)「企業的農業経営評価における農業経営学理論の再構築にむけて」『農業経営研究』第 45 巻第 4 号，12-21 頁。

高木栄、赤松美里（2010）「農業のイノベーションモデル仮説と検証―イノベーション推進のための戦略立案の指針として」『Venture Review』No.15，39-48 頁。

高倉直（2008a）「オランダ施設園芸の長期戦略（1）施設園芸展を中心に」『農業および園芸』第 83 巻第 10 号，1049-1055 頁。

――（2008b）「オランダ施設園芸の長期戦略（2）完全閉鎖型温室を中心にして」『農業および園芸』第 83 巻第 11 号，1151-1156 頁。

――（2008c）「オランダ施設園芸の長期戦略（3）収量 100kg/㎡をめざして」『農業および園芸』第 83 巻第 12 号，1253-1256 頁。

田中清三、有木徹、井形元彦、山崎進、高橋いずみ（1988）「総合品質管理解析システム」『川崎製鉄技報』第 20 巻第 2 号，138-143 頁。

手島歩三（2007）「ビジネス・アーキテクチャと情報システムの整合（〈特集〉情報システム設計論）」『日本情報経営学会誌』第 28 巻第 2 号，54-61 頁。

――（2008）「概念データモデル設計者心得」『経営情報学会 全国研究発表大会要旨集』2008f，63 頁。

冨田洋三（2013）「農業政策の変遷と農業問題」『実践女子大学生活科学部紀要』第 50 巻，111-128 頁。

南波幸雄（2007）「ビジネス構造の把握を目的とした概念データモデリング教育の試行」『情報処理学会研究報告情報システムと社会環境（IS）』108（2007-IS-102）号，1-8 頁。

新田義修（2008）「「ビジネス経営体」の経営革新に関する一考察：静岡県鉢物（花卉）生産農家を対象に」『農林業問題研究』第 44 巻第 1 号，216-220 頁。

根来龍之、向正道（2007）「情報システムの経路依存性に関する研究―セブン・イレブンのビジネスシステムを通じた検討」『早稲田大学 IT 戦略研究所 Working Paper』No.22。

播本彰、市川勲、土居良清、藤川信司、木村哲弘（1988）「販売・生産・物流システム概要」『川崎製鉄技報』第 20 巻第 2 号，95-101 頁。

人見勝人（2006）「生産システム：過去，現在，そしてこれから」1-10 頁。

藤井春雄（2013）「ケース・スタディ 農業の生産性向上」『IE Review』第 54 巻第 4 号，43-48 頁。

藤田有哉、石水裕、澁谷宗紀、藤田肇、南波幸雄（2012）「概念データモデルを用いたクリニックへの業務改善提案」『経営情報学会全国研究発表大会要旨集』2012s，112 頁。

佛田利弘（2011）「農業における「企業経営」の実態と課題：経営実務の視点から」『農業経営研究』第 48 巻第 4 号，17-24 頁。

堀光良、河嶋英治、山崎富広（2010）「農業分野へのクラウドコンピューティングの適用と他分野への展開」『FUJITSU』第 61 巻第 3 号，314-320 頁。

正本順三（2009）「リチウムイオン 2 次電池に見られる技術開発と事業経営」『標準化研究』第 7 巻第 1 号，33-46 頁。

――、桂信太郎、井形元彦（2013）「日本化学産業の国際競争力」『生産管理：日本生産管理学会論文誌』第 20 巻第 1 号，11-16 頁。

増田貴司（2007）「日本のものづくり競争力の源泉を考える」『経営センサー』5 月号，東レ経営研究所，22-35 頁。

松木洋一（2010）「EU オランダの農業者による農業自然管理システム」『日本獣医生命科学大学研究報告』第 59 巻，92-104 頁。

松本正雄（2010a）「エンタプライズモデル基礎論（その 1）」『電子情報通信学会技術研究報

告 Swim ソフトウェアインタプライズモデリング』第 109 巻第 430 号，33-38 頁。
――（2010b）「エンタプライズモデル基礎論（その 2)」『電子情報通信学会技術研究報告 Swim ソフトウェアインタプライズモデリング』第 110 巻第 70 号，13-22 頁。
向正道（2012）「持続的競争優位をもたらすビジネスシステムの分析フレームワーク提案―先行研究のレビューと差別化システムフレームワークの再定義」『早稲田大学大学院商学研究科 商学研究科紀要』75 巻，57-77 頁。
三好きよみ（2008）「PBL によるビジネス構造の把握を目的とした概念データモデリングの習得―学習する側から見た知見の報告」『情報処理学会研究報告情報システムと社会環境（IS)』16（2008-IS-103）号，51-58 頁。
三輪泰史（2014）「オランダ農業の競争力強化戦略を踏まえた日本農業の活性化策」『JRI レビュー』第 5 巻第 15 号，106-118 頁。
室屋有宏（2013）「増加する企業の農業参入と質的変化」『Business Labor Trend』労働政策研究・研修機構，22-28 頁。
両角政彦（2016）「企業的農業経営の発展過程と存立基盤：花き園芸経営体の事例」『都留文科大学研究紀要』第 84 集，37-57 頁。
八木宏典（2000）「新しい農業経営の特質とその国際的位置」『農業経営研究』第 37 巻第 4 号，5-18 頁。
山口信次（2009）「農業の生産管理を工業の視点で見ての一考察」『高知工科大学紀要』第 6 巻第 1 号，195-205 頁。
山田伊澄（2014）「オランダの施設園芸における農業者育成の現状と特徴」『農林業問題研究』第 194 号，83-87 頁。
渡辺裕司、熊田英敏（2001）「鉄鋼業の総合情報システム」『日本マリンエンジニアリング学会誌』第 36 巻第 10 号，827-833 頁。

【報告書】

青森県農林水産部（2009）『青森県攻めの地域営農企業化戦略』12 月。
一瀬裕一郎（2013）『農林水産省平成 24 年度海外農業情報調査分析事業（欧州）報告書（EU，スイス，オランダ）：第Ⅲ部　オランダ農業が有する競争力の背景』農林中金総合研究所。
経済産業省（2011a）『農業産業化支援について―基本的考え方と方向性―』。
――（2011b）『鉄鋼産業の活力の再生及び事業の革新に向けた基本指針（平成 23 年経済産業省告示第 183 号)』。
高知県農業振興部（2010）「高知県とオランダ・ウェストラント市との友好園芸農業協定締結」。
産業競争力会議農業分科会（2014）『農業の産業化に向けて』。
東京海上日動リスクコンサルティング（2013）「農業ビジネス参入のリスクとチャンス」2 月号，1-8 頁。
日本経済団体連合会（2016）『2015 年度日本の国際競争力調査結果』。
日本政策金融公庫（2013）「参入企業の経営ノウハウが農業現場で有効 土木の工程管理や品質管理などがポイント―日本公庫・農業参入における本業ノウハウの活用を調査―」。
農林水産省（2016）『農林水産物・食品の輸出の現状』。
――（2017）『農業者の皆さんへ：農業経営の法人化』。

日立ソリューションズ（2010）「GeoMationFarm」紹介資料。

NEC システムテクノロジー資料（2013）「IT を活用した塾モデルによる農業生産支援」。

【外国文献等】

Abell, Derek F.（1980）*Defining the Business: The Starting Point of Strategic Planning,* Prentice-Hall Inc.

Ariki, T., N. Ishizuka and M. Igata（1986）"GENERAL VIEW OF INFORMATION SYSTEM AND AUTOMATION IN THE JAPANESE IRON AND STEEL INDUSTRY."

Hamel, G. and C.K. Prahalad（1994）*Competing for the Future*, Harvard Business School Press.（『コア・コンピタンス経営：大競争時代を勝ち抜く戦略』一条和生訳、日本経済新聞社，1995 年）

Igata, M. and S. Katsura（2013）"Utilization of Conceptual Data Modeling Method In Education of School of Management, Kochi University of Technology—The trial which conceives business through a lecture and exercise—," in ICPM（International Conference on Production Management 2013 in Vietnam）（EIU: Eastern International University）.

—— and S. Katsura（2014）"APPLICABILITY OF ENGINEERING AND BUSINESS ADMINISTRATION APPROACHES FOR THE ACTIVATION OF LOCAL BUSINESS," *Society for Social Management Systems Internet Journal*（ISSN 2432-552X）Vol.9, SMS13-0531, 2014. http://hdl.handle.net/10173/1212

—— and S. Katsura（2018）"An Overview of the Application of Know-how included in Manufacturing Industry to Agricultural Business,"『経営学論集第 88 集』日本経営学会。

——, H. Shigemasu and S. Katsura（2019）"Possibility of Applying Neuromarketing to Flower Business—Based on Analysis of Lilies—," *International Journal of Japan Society for Production Management*, Vol.7, No.1, pp.51-59.

Ishizuka, N., S. Baba, T. Ariki, M. Igata, S. Tanaka and T. Morimoto（1986）"A Data Analysis System for Quality Control in Steel Works," *TRANSACTIONS IRON STEEL Inst. JAPAN*, Vol.26, No.10, pp.912-917.

Kaplan, R.S. and D.P. Norton（2000）*The Strategy-Focused Organization: How Balanced Scorecard Companies Thrive in the New Business Environment*, Harvard Business Press.

Mintzberg, H., B. Ahlstrand and J. Lampel（1998）*Strategy Safari,* Free Press.（『戦略サファリ』齋藤嘉則監訳，東洋経済新報社，1999 年）

Nakayama, Y., S. Katsura and M. Igata（2013）"Global Competitiveness of Japanese Steel Industry," in ICPM（International Conference on Production Management 2013 in Vietnam）（EIU: Eastern International University）.

Namba, Yukio（2005）"City Planning Approach for Rebuilding Enterprise Information Systems: The Move towards a More Effective EIS City Planning Approach," 東京工業大学提出学位論文（博士）（Tokyo Institute of Technology）.

Porter, M.（1980）*Competitive Strategy,* Free Press.（『競争の戦略』土岐坤ほか訳，ダイヤ

モンド社，1982 年）
――（1985）*Competitive Advantage*, Free Press.（『競争優位の戦略：いかに高業績を持続させるか』土岐坤ほか訳，ダイヤモンド社，1985 年）

【講演等】

大泉一貫（宮城大学名誉教授／元副学長）の講演（2016）「日本の農業は成長産業に変えられる」（内閣府連携公開講座地域活性化システム論 2016 年 10 月 10 日、高知工科大学香美キャンパス C102 において実施）。

岡本義行（法政大学大学院政策創造研究科教授）の講演（2016）「地域調査から見た地域創生政策」（内閣府連携公開講座地域活性化システム論 2016 年 10 月 2 日、高知工科大学香美キャンパス C102 において実施）。

川﨑博（内閣府地方創生推進事務局参事官）の講演（2019）「地域活性化の現状と課題」（内閣府連携公開講座地域活性化システム論 2019 年 10 月 14 日、高知工科大学香美キャンパス C102 において実施）。

岸保行（新潟大学経済学部准教授）の講演（2018）「清酒産業のグローバル戦略」（内閣府連携公開講座地域活性化システム論 2018 年 10 月 28 日、高知工科大学香美キャンパス C102 において実施）。

清成忠男（法政大学元総長／地域活性学会長／高知工科大学理事）の講演（2008）「地方創生への挑戦」（内閣府連携公開講座地域活性化システム論 2008 年 10 月 13 日、高知工科大学講堂において実施）。

鈴木信貴（長岡技術科学大学准教授）の講演（2017）「新興国市場戦略」（内閣府連携公開講座地域活性化システム論 2017 年 11 月 12 日、高知工科大学香美キャンパス C102 において実施）。

綱澤幹夫（農林水産省大臣官房参事官）の講演（2019）「地方における農業ビジネスの現状と課題」（内閣府連携公開講座地域活性化システム論 2019 年 11 月 2 日、高知工科大学香美キャンパス C102 において実施）。

中沢孝夫（福山大学教授／経営研究所シニアフェロー）の講演（2016）「地域における中小企業戦略」（第 43 回日本生産管理学会全国大会特別講演 2016 年 3 月 5 日、高知工科大学永国寺キャンパス A105 において実施）。

原陽一郎（長岡大学学長／研究・イノベーション学会会長）の講演（2013）「地域のための技術経営：都市部と農村部の企業競争特性調査（科研費基盤 B：1433037）をもとに」（内閣府連携公開講座地域活性化システム論 2013 年 11 月 24 日、高知工科大学香美キャンパス C102 において実施）。

原田誠司（長岡大学副学長・教授／川崎市産業振興財団理事長）の講演（2014）「地域産業振興と地域人材育成―文科省 COC 採択事業を通して―」（内閣府連携公開講座地域活性化システム論 2014 年 12 月 14 日、高知工科大学香美キャンパス C102 において実施）。

福島路（東北大学大学院経済学研究科教授）の講演（2016）「地域イノベーション―クラスター形成と学び合う地域―」（内閣府連携公開講座地域活性化システム論 2016 年 10 月 23 日、高知工科大学香美キャンパス C102 において実施）。

藤本隆宏（東京大学大学院教授／組織学会会長）の講演（2013）「地域の現場にも良い設計と良い流れを」（内閣府連携公開講座地域活性化システム論 2013 年 11 月 24 日、高知工科大学香美キャンパス C102 において実施）。

八幡一秀（中央大学大学院経済学研究科教授）の講演（2018）「地域産業振興と中小企業戦略―持続的な循環型地域づくり」（内閣府連携公開講座地域活性化システム論 2018 年 10 月 28 日、高知工科大学香美キャンパス C102 において実施）。

山倉健嗣（横浜国立大学名誉教授）の講演（2016）「地域企業と組織間関係」（内閣府連携公開講座地域活性化システム論 2016 年 10 月 23 日、高知工科大学香美キャンパス C102 において実施）。

【雑誌・その他】

斎藤香織（2017）「オランダ式「次世代型ハウス」で作るトマトとは？」1-11 頁。

日経ビジネス（2014）「オランダ農業現地取材 驚愕の輸出力に学べ（特集 背水の農：TPP ショック、5 大改革で乗り越えろ）」No.1740，日経マグロウヒル社。

三輪泰史（2015a）「オランダ農業に学ぶ 資金力や経営ノウハウ不可欠 日本型の追求で勝てる産業に」『日経エコロジー』第 187 巻，34-36 頁。

――（2015b）「資金力や経営ノウハウ不可欠 日本型の追求で勝てる産業に」『Nikkei Ecology』34-36 頁。

【web 資料】

合瀬宏毅（2016）「野菜はもっと安くなる？オランダ農業に学べ」
http://www.nhk.or.jp/kaisetsu-blog/700/249071.html
NHK オンライン（最終閲覧日：2019 年 11 月 7 日）

経済同友会（2016）『持続可能な逞しい農業の実現に向けて―フードバリューチェーンの確立による高付加価値農業へ―』
https://www.doyukai.or.jp/policyproposals/articles/2016/160930a.html
（最終閲覧日：2019 年 11 月 9 日）

高知県農業振興部農業政策課（2018）「高知県農業の動向（平成 30 年度）」
http://www.pref.kochi.lg.jp/soshiki/162201/2018042000146.html
（最終閲覧日：2019 年 11 月 7 日）

三省堂（2017）『大辞林第三版』
https://kotobank.jp/dictionary/
（最終閲覧日：2019 年 11 月 7 日）

小学館（2017a）『デジタル版 日本大百科全書（ニッポニカ）』
https://kotobank.jp/dictionary/
（最終閲覧日：2019 年 11 月 7 日）

――（2017b）『デジタル大辞泉』
https://kotobank.jp/dictionary/
（最終閲覧日：2019 年 11 月 7 日）

総務省（2013）『日本標準産業分類（平成 25 年 10 月改定、平成 26 年 4 月 1 日施行）』
http://www.soumu.go.jp/toukei_toukatsu/index/seido/sangyo/02toukatsu01_03000044.html（最終閲覧日：2019 年 11 月 7 日）

トヨタ自動車株式会社（2018）「自動車の製造工程」
http://www.toyota.co.jp/jpn/company/history/75years/data/automotive_business/production/production_engineering/prize_receiving/index.html

（最終閲覧日：2019 年 11 月 8 日）
日本経済団体連合会（2015）『わが国農業の持続的発展と競争力強化・成長産業化に向けて～食料・農業・農村基本計画の改訂に望む～』一般社団法人 日本経済団体連合会
http://www.keidanren.or.jp/policy/2015/004.html
（最終閲覧日：2019 年 11 月 7 日）
農林水産省（2014）『平成 25 年度 食料・農業・農村白書』
http://www.maff.go.jp/j/wpaper/w_maff/h25/
（最終閲覧日：2019 年 11 月 7 日）
――（2015）『農林業センサス報告書』
http://www.maff.go.jp/j/tokei/kouhyou/noucen/index.html
（最終閲覧日：2019 年 11 月 7 日）
――（2017a）『農林水産省統計情報平成 29 年農業構造動態調査』
http://www.maff.go.jp/j/tokei/kouhyou/noukou/
（最終閲覧日：2019 年 11 月 9 日）
――（2017b）『農林水産省統計情報平成 28 年新規就農者調査』
http://www.maff.go.jp/j/tokei/kouhyou/sinki/
（最終閲覧日：2019 年 11 月 7 日）
――（2017c）『生産農業所得統計』
http://www.maff.go.jp/j/tokei/kouhyou/nougyou_sansyutu/#r
（最終閲覧日：2019 年 11 月 7 日）
――（2017d）『法人経営のメリット』
http://www.maff.go.jp/j/kobetu_ninaite/n_seido/houjin_merit.html
（最終閲覧日：2017 年 11 月 7 日）
――（2017e）『農業競争力強化支援法』
http://www.maff.go.jp/j/kanbo/nougyo_kyousou_ryoku/sienhou/index.html
（最終閲覧日：2017 年 11 月 7 日）
――（2017f）『農林業経営体』
http://www.maff.go.jp/j/tokei/sihyo/data/07.html
（最終閲覧日：2017 年 11 月 7 日）
――（2017g）『農業法人について』
http://www.maff.go.jp/j/kobetu_ninaite/n_seido/seido_houzin.html
（最終閲覧日：2019 年 11 月 7 日）
――（2018a）『農林水産省統計情報平成 30 年農業構造動態調査』
http://www.maff.go.jp/j/tokei/kouhyou/noukou/
（最終閲覧日：2019 年 11 月 9 日）
――（2018b）『戦後農政の流れ』
http://www.maff.go.jp/j/wpaper/w_maff/h19_h/trend/1/t1_1_2_10.html
（最終閲覧日：2019 年 11 月 7 日）
――（2019a）『農林水産省統計情報平成 31 年農業構造動態調査』
http://www.maff.go.jp/j/tokei/kouhyou/noukou/
（最終閲覧日：2019 年 11 月 9 日）
――（2019b）『農林水産省統計情報平成 30 年新規就農者調査』

http://www.maff.go.jp/j/tokei/sokuhou/sinki/
（最終閲覧日：2019 年 11 月 7 日）

――（2019c）『面積調査』
http://www.maff.go.jp/j/tokei/kouhyou/sakumotu/menseki/
（最終閲覧日：2019 年 11 月 10 日）

――（2019d）『平成 30 年度食料・農業・農村白書』
http://www.maff.go.jp/j/wpaper/w_maff/h30/
（最終閲覧日：2019 年 11 月 7 日）

――（2019e）『生産農業所得統計』
http://www.maff.go.jp/j/tokei/kouhyou/nougyou_sansyutu/
（最終閲覧日：2019 年 11 月 7 日）

農林水産省経営局経営政策課（2017）『「平成 29 年度 全国優良経営体表彰」の発表について 販売革新部門』
http://www.maff.go.jp/j/press/keiei/keiei/171004_21.html
（最終閲覧日：2019 年 11 月 8 日）

ブリタニカ・ジャパン（2017）『ブリタニカ国際大百科事典小項目事典』
https://kotobank.jp/dictionary/
（最終閲覧日：2019 年 11 月 7 日）

平凡社（2002）『世界大百科事典第 2 版』
https://kotobank.jp/word/ 企業
（最終閲覧日：2019 年 11 月 7 日）

村山健二（2016）「日本の製造業の「絶対的な強み」はこれだ！中国も太刀打ち不可能」
http://biz.searchina.net/id/1604219?page=1. Searchina
（最終閲覧日：2019 年 11 月 7 日）

――（2017）「中国の粗鋼生産量は世界一でも、日中の技術力には「圧倒的な差がある」」中国報道
http://news.searchina.net/id/1632117?page=1. Searchina
（最終閲覧日：2019 年 11 月 7 日）

主要索引

｜サ行｜

｜タ行｜

| ナ行 |

| ハ行 |

| マ行 |

| ヤ行 |

| ラ行 |

| ワ行 |

【執筆者紹介】

井形元彦（いがた・もとひこ）、博士（学術）、技術士（情報工学）

高知県公立大学法人高知工科大学情報学群教育講師、山陽学園大学非常勤講師（地域マネジメント学部地域マネジメント学科）。

1951 年福岡県生まれ。京都大学工学部、京都大学大学院工学研究科情報工学専攻修士課程修了後、川崎製鉄株式会社入社。川鉄システム開発株式会社（現、JFE システムズ株式会社）を経て、現職。高知工科大学大学院工学研究科基盤工学専攻博士後期課程修了、博士（学術）。IT コーディネーター（経済産業省推進資格）、情報処理システム監査技術者、国家資格キャリアコンサルタント、日本 GAP 協会 J-GAP 指導員他。日本生産管理学会（中四国支部幹事）、標準化研究学会、地域活性学会、組織学会、日本経営学会等にて研究成果を発表、論文執筆。著書は『図解でよくわかる SE のための業務知識』（共著、日本能率協会マネジメントセンター、2011）、『IT コンサルティングの基本』（共著、日本実業出版社、2009）、『エンドユーザ・コンピューティングの現場から』（共著、トッパン、1995）、『ソフトウェア生産工学ハンドブック』（共著、フジ・テクノシステム、1991）など。

桂信太郎（かつら・しんたろう）、博士（学術）

高知県公立大学法人高知工科大学経済・マネジメント学群および大学院起業マネジメントコース教授、博士（学術）。

1973 年愛媛県生まれ。愛媛大学大学院博士後期課程修了、博士（学術）。1998 年から短大教員、長岡大学経済経営学部准教授、高知工科大学准教授を経て、2016 年から現職。担当科目は、経営管理論、企業論、経営戦略論、地域活性化システム論、NPO 論、ゼミ・卒論等。また大学院では経営戦略論、地域産業振興論、研究方法論等を担当。これまで、愛媛、高知、新潟に在住しながら、製造業（特に素材産業）における経営改善に関する調査研究および、地域と企業の関係や経営学の視点から地域ビジネスや地域活性化に着目した調査研究を行っている。日本生産管理学会理事（2008 年 -2013 年、2018 年～現在）、同代議員（2013 年～ 2017 年）、標準化研究学会理事、人を大切にする経営学会発起人および常任理事、地域活性学会本部理事および事務局長（2019 年～現在）。著書は『我らダイヤモンド企業』（共著、丸善、2008）、『農業ビジネス学校』（共著、丸善、2009）、『土佐アート街道を行く』（共著、丸善、2010）、『地域活性化のためのビジネス方法論』（共編著、高知新聞社、2010）、『地方のための経営学』（共著、千倉書房、2015）、『これからの農業経営―会計の意識・知識を経営に生かす―』（共著、千倉書房、2018）など。

【解題・推薦者紹介】

福井幸男（ふくい・ゆきお）、経済学博士

関西外国語大学教授、関西学院大学名誉教授、経済学博士。日本生産管理学会会長。1967 年関西学院高等部卒業。1971 年関西学院大学経済学部卒業。1978 年関西学院大学大学院経済学研究科博士課程満期退学。1992 年関西学院大学商学部教授。『アメリカ大リーグにおけるイノベーションの系譜』（関西学院大学叢書）、『統計学の力』（共立出版）、『新時代のコミュニティビジネス』（お茶の水書房）、『経営学の基礎知識』（中央経済社）など著書多数、Econometrica などへ論文掲載多数。

【本書に寄せて執筆・推薦者紹介】

手島歩三（てしま・あゆみ）

1940 年、岡山県生まれ。1962 年岡山大学理学部卒業。同年、日本レミントン・ユニバック（現・日本ユニシス）入社。SE として勤務しながら、情報システムの企画・開発の方法論を体系化。1995 年、ビジネス情報システム・アーキテクト設立、同社代表。概念データモデルをベースにしたコンサルティングを行う。製造業や通信業、金融業、流通業、政府・自治体などの企業情報システム構築を支援。製造業の分野では、部品表の抜本的構造改革を起点として生産管理パッケージの構造改革に取り組む。著書は『働く人の心をつなぐ情報技術―概念データモデルの設計』（編著、白桃書房、2011）、『ものづくりマネジメントと情報技術』（静岡学術出版、2014）、『ERP とビジネス改革―統合業務パッケージ活用の誤解と指針』（手島歩三、杉野周、根来龍之、日科技連、1998）、『ゼロからわかるオブジェクト指向の世界－ビジネス活用のために（日刊工業新聞社、1996）、『概念データモデル設計による ソフトウェアのダウンサイジング』（日本能率協会マネジメントセンター，1994）、など。

【推薦者紹介】

一色浩一郎（いっしき・こういちろう）、Ph.D.（UCLA）

Professor of California State Polytechnic University Pomona（カリフォルニア州立理工大学ポモナ校経営管理学部教授）。

University of California, Los Angeles UCLA 大学院博士後期課程修了、Ph.D.（経済学博士）。オランダ・デルフ大学客員教授、米国 NCC 委員長、米国 Interface West、Data Communication、COMDEX などでチェアマンとして活躍、世界中で講演多数。日本においても東京、大阪、京都を中心とした朝日新聞、日本経済新聞、日刊工業新聞、NHK、日本情報システムユーザー協会、日本能率協会等が主催する講演やセミナーなどで、長年にわたり精力的に活動。多数ある著書の 1 つ Small Business Computer は、米国・欧州の約 200 の大学でテキストとなっている。米国ロサンゼルス在住は 40 年を超える。

【推薦者紹介】

那須清吾（なす・せいご）、博士（工学）

高知県公立大学法人高知工科大学学長特別補佐／大学院起業マネジメントコース長・教授。

1959 年大阪市生まれ。東京大学工学部卒業、University of California San Diego 大学院修士課程修了、その後、東京大学より工学博士号を授与される。住友金属株式会社、建設省道路局国道課長補佐、建設省近畿幹線道路調査事務所長、国土交通省姫路河川国道事務所長を経て、2004 年より高知工科大学工学部社会システム工学科教授。2008 年マネジメント学部設置とともに学科長に着任、2011 年より学部長。2015 年 4 月から高知工科大学学長特別補佐および大学院起業マネジメントコース長／教授および経済・マネジメント学群教授。この間、21 世紀 COE プロジェクトリーダーとして社会マネジメントシステム学の構築に尽力し社会マネジメント研究所を設立（センター長）。社会資本アセット・マネジメント、ニュー・パブリック・マネジメントなど行政経営・社会資本関連を調査研究テーマとしながら精力的に活動。JST や主要省庁に係る各種プロジェクトリーダーを多数務める。NPO 法人社会貢献研究所理事長。㈱グリーンエネルギー研究所代表取締役社長。地域活性学会常任理事／副会長。全国における講演や著書・論文多数。

地域活性化のための戦略的農業経営

概念データモデルによる創造的アプローチ

2020年 2月10日 初版第1刷発行

著　者　井形元彦・桂信太郎

発行者　千倉成示

発行所　株式会社 千倉書房

〒104-0031 東京都中央区京橋2-4-12
TEL 03-3273-3931 ／ FAX 03-3273-7668
https://www.chikura.co.jp/

印刷・製本　藤原印刷株式会社
装丁デザイン　冨澤　崇

ISBN 978-4-8051-1201-4 C3061